基礎熱力学

國友正和 著

共立出版株式会社

まえがき

　熱力学は第1法則と第2法則から構成される．第1法則はエネルギー保存則であり第2法則はエントロピー増大則である．エネルギーには種々の形態があり，それらは入れ替わることはあっても総量は保存されるというエネルギー保存則の確立には，熱現象に対する考察が大きく寄与した．一方，熱現象の不可逆性に関する考察から，自然の進む向きは一方向であり，たとえエネルギーは保存されても逆には進行しないことが認識されて，エントロピーの概念が生まれた．

　熱力学は統計力学によって基礎づけられたがゆえに，統計力学の付足しとしてしか取り扱われない傾向があり，ともすれば疎かにされがちである．しかし，物理化学，機械工学といった分野において広く応用されているのみならず，情報科学の分野においてもエントロピーの考え方が有効に使われている．熱力学を勉強することは力学や電磁気学あるいは量子力学を勉強するのと優るとも劣らないくらい大切かつ有用であると思う．

　本書は著者が神戸大学理学部において行っている熱力学の講義ノートをもとにまとめた教科書であり，この本を勉強することによって熱力学の基礎をすべて修得できることを目標とした．この本は，もちろん教科書として使っていただいてもよいが，学生諸君が自習をするための手助けとなる自習書としても使えるように配慮した．

　構成はオーソドックスであるが，著者が熱力学を勉強していて分かりにくかったところ，とくに熱力学で最も分かりにくいけれども最も大切な，第2法則・エントロピーに関しては，ときにはくどいと思われるほど懇切丁寧に説明した．エントロピーに関しては1章を設け，熱力学的定義と説明に終わらず，確率論的な考えを導入し，熱力学だけでは分かりにくいところを別の観点から見ることによってよりよく理解できることを期した．

例題をところどころに取り入れ理解の助けとなるようにし，章末には比較的やさしい問題を取り上げ，巻末に詳しい解答を載せた．また，この本は大学2年次における履修を想定して著したので，巻末の付録には，大学1年次の復習をかねて，この本で必要な数学と力学をまとめた．

著者の気がつかない思わぬ間違いや，不適切な表現や説明などもあると思われる．忌憚のないご意見ご指摘をたまわることにより，よりよいものにしていきたいと願っている．

2000年春

六甲山麓にて

國 友 正 和

目　　次

まえがき
第 1 章　熱現象と熱力学
　1.1　熱力学の成立 …………………………………………………… 1
　1.2　熱　現　象 …………………………………………………… 4
　1.3　熱力学の対象 …………………………………………………… 8
　1.4　熱平衡と温度 …………………………………………………… 10
　1.5　状態量と状態方程式 …………………………………………… 11
　　　第 1 章に関する問題　14

第 2 章　熱力学第 1 法則
　2.1　熱力学過程 ……………………………………………………… 16
　2.2　熱力学第 1 法則 ………………………………………………… 17
　2.3　エネルギーの移動 ……………………………………………… 19
　2.4　内部エネルギー ………………………………………………… 21
　2.5　熱容量と比熱 …………………………………………………… 23
　2.6　等温過程と断熱過程 …………………………………………… 24
　2.7　カルノーサイクル ……………………………………………… 26
　　　第 2 章に関する問題　30

第 3 章　熱力学第 2 法則
　3.1　可逆過程と不可逆過程 ………………………………………… 33
　3.2　熱力学第 2 法則 ………………………………………………… 33
　3.3　熱機関の効率 …………………………………………………… 36
　3.4　熱力学温度 ……………………………………………………… 38
　3.5　クラウジウスの不等式 ………………………………………… 39
　　　第 3 章に関する問題　42

第4章 エントロピー

- 4.1 エントロピーの定義 ……………………………………… 44
- 4.2 エントロピー増大の法則 ………………………………… 47
- 4.3 エントロピーの計算 ……………………………………… 49
- 4.4 不可逆性とエントロピーの確率論的意味 ……………… 52
- 4.5 エントロピーと微視的状態 ……………………………… 59
  - 第4章に関する問題　60

第5章 熱力学関数

- 5.1 熱力学関数の定義 ………………………………………… 62
- 5.2 ルジャンドル変換 ………………………………………… 65
- 5.3 熱力学関数の意味 ………………………………………… 66
- 5.4 熱力学関係式 ……………………………………………… 68
- 5.5 熱平衡 ……………………………………………………… 69
- 5.6 相平衡 ……………………………………………………… 71
  - 第5章に関する問題　75

第6章 分子運動論

- 6.1 気体分子運動論 …………………………………………… 77
- 6.2 エネルギー等分配の法則 ………………………………… 80
- 6.3 速度の分布則 ……………………………………………… 82
  - 第6章に関する問題　86

- 付録1　数学補助 ……………………………………………… 87
- 付録2　力学補助 ……………………………………………… 96
- 付録3　国際温度目盛 ………………………………………… 98
- 付録4　ファンデルワールス気体 …………………………… 99
- 付録5　固体の比熱-アインシュタインの理論 …………… 103

- 問題解答 ………………………………………………………… 107
- 索引 ……………………………………………………………… 117

第1章 熱現象と熱力学

　まず，熱力学成立の歴史を概観したあと，簡単にいくつかの熱現象についてふれる．ついで，熱力学が対象とする巨視的体系の特徴とそれを扱う方法について述べる．この本では熱平衡状態のみを扱うが，それを表す最も基礎的な量である温度について述べたあと，熱平衡を表す物理量である状態量とそれらの間の関係を表す状態方程式について考察する．

1.1　熱力学の成立

　熱とは何であろうか．物体と物体をこすりあわせると摩擦によって物体が温まり熱が生じる．また物体と物体の衝突によっても熱が生じる．これらのことから，熱は運動から生じ運動が転化したものと考えられた．これを熱の運動説という．一方，熱い物体と冷たい物体を接触させると，熱い物体から冷たい物体へ何ものかが流れるようにみえる．このことから，この何ものかを熱といい，熱は一種の物質であると考えられた．これを熱の物質説という．17世紀の科学者たちは，熱を物質を構成する微小粒子の激しい振動とみなす熱の運動説をとっていた．ところが，18世紀になると化学反応によって熱が生じることから，化学者たちによって熱を重さのない一種の流体とみなす説がとなえられ，熱の物質説が支配的になった．ラヴォアジエ(Lavoisier, 1743-1794, フランス)は，熱を元素の1つと考え熱素（カロリック）とよんだ (1789)．

　体が感じる熱い冷たいという感覚は温度によるものであるが，17世紀の半ば頃までは熱（heat）と温度（temperature）の区別が明確ではなかった*)．水の氷点と沸点などを温度目盛りの基準とした温度計が発明され(1720)，熱と温度

---

*)　日本語では熱と温度は混同して使われている．「体温（体の温度）が上がる」というべきところを「熱が上がる」という．

表 1.1 温度計の種類

原理	名称	使われる物質
物体の体積の変化	液体温度計 気体温度計	水銀，アルコール等 ヘリウム等
電気抵抗の変化	抵抗温度計	白金，サーミスター等
熱起電力	熱電温度計	熱電対（銅・コンスタンタン，クロメル・アルメル等）
化学変化	液晶温度計	液晶
物体の発する光の色の変化	放射温度計 光高温計	高温の物質（溶鉱炉等）

の区別が認識されていくと，熱現象に関する研究が進んだ．表 1.1 に温度計の種類をあげておく．

熱の物質説に変わって運動説を決定的にしたのはランフォード（Rumford, 1753-1814, アメリカ）によって初めて行われた実験である（1798）．彼は，大砲の砲身をくりぬく作業で際限なく熱が発生することに驚き実験を行った．くりぬき作業を水の中で行い水の温度の上昇を測ると，温度はどんどん上がっていってついに水は沸騰した．もし熱が物質ならばこんなに際限なく出てくるものであろうか．これによってランフォードは熱は運動の転化したものであるとの確信を得たという．

現在では熱現象は物質を構成している原子や分子の乱雑な運動によるものであることが分かっている．この運動を**熱運動**（thermal motion）という．熱い物体と冷たい物体を接触させると，熱い物体の構成粒子の運動エネルギーが接触面を通して冷たい物体に移り，熱い物体のエネルギーは減りその分冷たい物体のエネルギーが増える．このようにして最後には両者は同じ温度になる．熱とはこのように移動した熱運動のエネルギーのことであり，このエネルギーの量を**熱量**という．

熱力学（thermodynamics）は熱現象を体系的に取り扱う物理学の一分野である．熱力学は産業革命に始まる近代資本主義の成立と深くかかわりがあった．すなわち，経済性の追求という問題が新しい技術を要求し，**蒸気機関**の発明と発達に関連して熱の本質の解明がなされていった．熱として供給されたエネルギーを力学的仕事に変える装置を**熱機関**（heat engine）という．蒸気機関は熱機関の一種である[*]．最初に蒸気機関を発明したのはニューコメン（New-

---

[*] 蒸気機関は水蒸気を作業物質（熱機関をはたらかせるための物質，第 2 章-2.1 (p.17) 参照）とするが，内燃機関はガソリンなどを作業物質とする熱機関である．

comen, 1663-1729, イギリス) であるが，その**熱効率**(thermal efficiency)（吸収した熱を仕事に変える割合で，今後単に**効率**という．第2章-2.7 (p. 30)，第3章-3.3 (p. 36) 参照) は 0.5% 程度のきわめて小さいものであった (1712)．ワット (Watt, 1736-1819, イギリス) はこれを改良して 4% 程度に効率を高め実用化した (1765)．蒸気機関の能力を測る単位には馬の能力に換算した**馬力**が用いられた．当時は馬を使ってポンプを回して鉱山の排水などを行っていたのである．ワットは，滑車を用いて馬に物を引き上げさせ，1分間に 15000 kg の物を 30 cm 引き上げる仕事の割合を 1 馬力とした．このようにして仕事と仕事率の概念が確立されていき，そこからエネルギーの概念が生まれてきた．

　経済性の追求は熱機関の効率を上げるための努力を生んだ．最も効率のよい熱機関は，一度動き始めたら外部から熱などのエネルギーを何も与えないでもはたらき続ける熱機関である．これは**第1種永久機関**とよばれる．しかしこれをつくる試みはことごとく失敗した．ジュール (Joule, 1818-1889, イギリス) は，力学的仕事を熱に変える実験（羽根車の実験といわれる（第2章-2.2 (p. 17))) を行って熱はエネルギーの一種であることを証明した (1847)．マイヤー (Mayer, 1814-1878, ドイツ) は，東インド会社の船医としてジャワに航海したとき，南洋の人々の血がヨーロッパの人々と比べて赤いことに気がつき，気温が高いと体温を保つための血液の酸化が少なくてすむからと考えた．マイヤーはこのことをきっかけに思考を進め，栄養素の酸化が身体の熱や活力になることから，化学反応，力学的仕事，熱はたがいに転化しあい，その総量は変わらないという考えに到達した (1842)．

　このような背景をもとに，ヘルムホルツ (Helmholtz, 1821-1894, ドイツ) は，エネルギーには種々の形態があり，たがいに移り変わるが，その総量は不変であるという，**エネルギー保存則**を提唱した (1847)．このようにして，熱を含めたエネルギー保存則である**熱力学第1法則** (The first law of thermodynamics) が確立したのである．

　第1種永久機関が否定され，熱力学第1法則が確立されると，次の目標は与えた熱をできるだけ多く仕事に変える熱機関をつくることである．与えた熱をすべて仕事に変える，すなわち効率が 100% の熱機関は**第2種永久機関**とよばれる．しかし，さまざまな努力にもかかわらず，第2種永久機関をつくる試み

も失敗に終わった*).

このことを背景にカルノー（Carnot, 1796-1832, フランス）は熱機関の1つのモデルである**カルノーサイクル**を考察した．そこで彼は，熱機

表 1.2　熱機関の効率

蒸気機関	10～20%
ガソリン機関	20～30%
ガスタービン	20～40%
ディーゼル機関	30～40%

関をはたらかせるためには熱を吸収しなければならないが，同時に必ず吸収した熱の一部を放出しなければならないことに気がついた．いいかえるとカルノーは，吸収した熱をすべて仕事に変える熱機関は存在しない，すなわち，熱機関の効率を100%にすることは決してできないことを示したのである（1824）（「火の動力についての省察」）**).　トムソン（Thomson, 後に貴族となり Lord Kelvin, 1824-1907, イギリス）はカルノーの遺稿を見て熱現象の特殊性に気づき，熱現象の不可逆性を指摘した（1851）．クラウジウス（Clausius, 1822-1888, ドイツ）は，熱現象に関する種々の成果を数学的にまとめあげ，熱力学の数学的体系を築いた***)．このようにして**熱力学第2法則**（The second law of thermodynamics）が確立されていった（1853）．

熱機関の効率はカルノーサイクルのそれよりも大きくすることはできないが（第3章-3.3 (p.36)），ディーゼル（Diesel, 1858-1913, ドイツ）は空気を用いたカルノーの熱機関をつくる試みのなかから，効率の高い**ディーゼル機関**を発明した（1897）．いろいろな熱機関のおおよその効率を表1.2に示しておく．

1.2　熱現象

熱力学に入る前によく見られるいくつかの熱現象についてふれておくことにする．

熱量の単位

熱量の単位としてはカロリーがあり，純水1kgの温度を1気圧のもとで14.5°Cから15.5°Cまで上げるのに必要な熱量を1キロカロリー［kcal］とし

---

*) もし第2種永久機関があれば，海洋の熱を利用して世界中の工場を2000年間はたらかせても，海水温の低下はたった0.01°Cという．
**) 彼の考察では熱素説が用いられているということである．
***) クラウジウスはこの中でエントロピーという量を導入した．

た．しかし熱量はエネルギーの一種であることが分かっているから国際単位系ではエネルギーの単位ジュール [J] が用いられる（第2章-2.2 (p.18) 参照）．

熱膨張
物体の長さや体積は温度によって変化する．温度 T における固体の長さを $l(T)$ とするとき

$$\alpha = \frac{1}{l(T_1)} \left[\frac{dl}{dT} \right]_{T=T_1} \tag{1.1}$$

を温度 T_1 における**線膨張率** (coefficient of linear expansion) という．T_1 から T まで α が一定とみなせるときは

$$l(T) = l(T_1)\{1 + \alpha(T - T_1)\} \tag{1.2}$$

である．
また，温度 T における体積を $V(T)$ とするとき

$$\beta = \frac{1}{V(T_1)} \left[\frac{dV}{dT} \right]_{T=T_1} \tag{1.3}$$

を温度 T_1 における**体膨張率** (coefficient of cubical expansion) または単に**膨張率** (expansion coefficient) という．T_1 から T まで β が一定とみなせるときは

$$V(T) = V(T_1)\{1 + \beta(T - T_1)\} \tag{1.4}$$

である．

例題 1.1 等方性の固体では体膨張率は線膨張率の3倍になることを証明せよ．ここで等方性とは物理的性質が方向によって違わないことをいう．

[解答]
等方的であるから一辺 l の立方体を考える．体積 V は $V = l^3$ であるから

$$\beta = \frac{1}{V}\frac{dV}{dT} = \frac{1}{l^3}\frac{dl^3}{dT} = \frac{1}{l^3} 3l^2 \frac{dl}{dT} = 3\frac{1}{l}\frac{dl}{dT} = 3\alpha$$

となる．

熱量の保存

1.1で述べた熱い物体と冷たい物体の接触の場合では，熱い物体の失った熱エネルギーと冷たい物体の得た熱エネルギーが等しい．すなわち

> 2つの物体の接触により一方が失った熱量は他方が得た熱量に等しい

ということがいえる．これを**熱量の保存**という．

第2章-2.5（p.23）において**熱容量**（heat capacity）と**比熱**（specific heat）を熱力学的に厳密に定義するが，ここでは実用的な定義をしておく．物体の温度を1Kだけ上げるのに必要な熱量をその物体の熱容量といい，単位量の物質の温度を1Kだけ上げるのに必要な熱量をその物質の比熱という．比熱の単位には，$J \cdot kg^{-1} \cdot K^{-1}$，$cal \cdot g^{-1} \cdot K^{-1}$，$cal \cdot mol^{-1} \cdot K^{-1}$ などがある．

質量が m，比熱が c の物体の熱容量 C は $C = mc$ である．

2つの物体の接触の場合，それぞれの質量，比熱，温度を m_1, c_1, T_1, m_2, c_2, $T_2 (T_1 > T_2)$ とすると，両者を接触させて同じ温度 T になったとき，熱量の保存は

$$m_1 c_1 (T_1 - T) = m_2 c_2 (T - T_2) \tag{1.5}$$

と書くことができる．これより T を求めることができ，また T を測定して未知の比熱を求めることもできる．

例題 1.2 水当量 w の熱量計に質量 W で温度 T の水を入れておく．ちょうど融解点 T_m にある質量 M の液体状態の金属を熱量計に入れたら最後に温度が T_0 になった．この金属の固体の状態の比熱を c として金属の融解熱を求めよ．ここで水当量とは熱量計の熱容量と等しい熱容量をもった水の質量である．

[解答]

融解熱を単位質量当たり L とすると金属が失った熱量は，凝固するときに失った熱 ML と T_m から T_0 に温度が下がるときに失う熱 $Mc(T_m - T_0)$ であり，熱量計が得た熱量は $(w + W)(T_0 - T)$ である．熱量の保存により

$$ML + Mc(T_m - T_0) = (w + W)(T_0 - T),$$

$$\therefore \quad L = \frac{(w+W)(T_0-T)}{M} - c(T_m - T_0)$$

となる．

熱の移動

熱の移動の仕方には，**伝導**(conduction)，**対流**(convection)，**放射**(radiation)の3つがある．物体自身は移動せず物体の中を熱運動が伝わっていくのを伝導という．物体が流体（液体または気体）の場合に，流体自身が移動してもっている熱を移動させるのが対流である．放射は電磁波によって熱エネルギーが運ばれるもので，真空中でも伝わる．

伝導で熱が伝わるとき，物質によって伝わりやすさが異なる．厚さ l の物体の両側の温度が T_1 と T_2 のとき ($T_1 > T_2$)，面積 S の部分を通って単位時間に伝わる熱量 Q は

$$Q = \lambda S \frac{T_1 - T_2}{l} \quad (1.6)$$

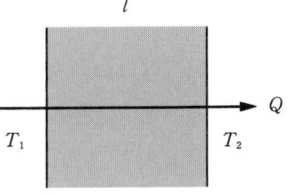

図 1.1 熱伝導

で与えられる．ここに比例定数 λ は物質によって決まる定数で**熱伝導率**(thermal conductivity)とよばれる．

例題 1.3 厚さと熱伝導率がそれぞれ d_1, d_2, λ_1, λ_2 の2枚の板を接触させ，2つの板の外側の温度をそれぞれ T_1, T_2 ($T_1 > T_2$) に保ったとき，2枚の板の接触面の温度と単位面積を通って単位時間に流れる熱量とを求めよ．

[解答]
板1と板2の単位面積を通って単位時間に流れる熱量をそれぞれ Q_1, Q_2, 接触面の温度を T とすると，$Q_1 = \lambda_1 \frac{T_1 - T}{d_1}$, $Q_2 = \lambda_2 \frac{T - T_2}{d_2}$ で，$Q_1 = Q_2$ である．これらより $T = \frac{\lambda_1 d_2 T_1 + \lambda_2 d_1 T_2}{\lambda_1 d_2 + \lambda_2 d_1}$ を得るからこれを上の式に代入して $Q_1 = Q_2 = \frac{\lambda_1 \lambda_2}{\lambda_1 d_2 + \lambda_2 d_1}(T_1 - T_2)$ となる．

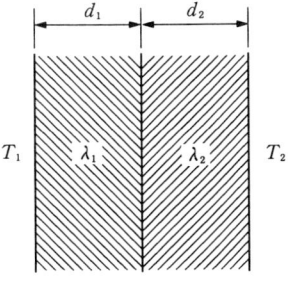

図 1.2 2枚の板の熱伝導

1.3 熱力学の対象

　熱力学が対象とする熱現象は，無限といってよいほどの多数の粒子（分子，原子，電子など）からなる系（体系）が，不規則に熱運動することによって引き起こす現象である．したがって，この系は力学的に考えると自由度[*]がきわめて大きい系であり，これを取り扱うには2つの立場がある．

　考える対象を人間の感覚によって識別できる程度の量で記述する立場を**巨視的**（macroscopic）といい，巨視的立場によって記述される状態を巨視的状態，これを表す物理量を巨視的量という．このときこの対象を**巨視的体系**とよぶ．

　これに対して，対象をその構成要素である分子や原子のふるまいに着目して記述する立場を**微視的**（microscopic）といい，微視的立場によって記述される状態を微視的状態，これを表す物理量を微視的量という．巨視的量はそれに対応する微視的量の統計的平均値とみなされる．

　巨視的体系の特徴は，まず，非常に多くの粒子（粒子の個数 $N \sim 10^{23}$）からなることである．仮にこれらの運動を記述しようとすると，$3N$ 個の運動方程式が必要である．力学で学んだように，3個以上の質点に対する運動方程式は解析的に解くことはできない．また，最新のコンピュータを駆使して数値的に解こうとしても，このように多くの粒子からなる系の運動を解くことは不可能である[**]．

　巨視的体系のもう1つの特徴は，熱を伴う現象の**不可逆性**（irreversibility）である．たとえば（図1.3），熱い物体と冷たい物体を接触させると，熱い物体から冷たい物体へ熱が移動して全体が同じ温度になるが，同じ温度の2つの物体を放っておいたら，いつの間にか片方の温度が高くなり他方の温度が低くなるというようなことは自然には起こらない．圧力の高い気体と低い気体を接触させると，圧力の高い気体から低い気体へ気体が移動して全体が一様になるが，この逆は自然には起こらない．また，運動している物体は摩擦や空気の抵抗によって運動エネルギーを失って静止し，そのとき熱を発生する．しかし，

---

[*] 位置を表すために必要な最小の独立変数の数．1個の質点の自由度は3（たとえば x, y, z）．

[**] たとえば，10^{23} 個の座標をコンピュータに1個につき100万分の1秒で書かせたとしても，10^{17} 秒 $\cong 3.17 \times 10^9$ 年 $\cong 30$ 億年（地球の年齢に匹敵！）もかかることになる．

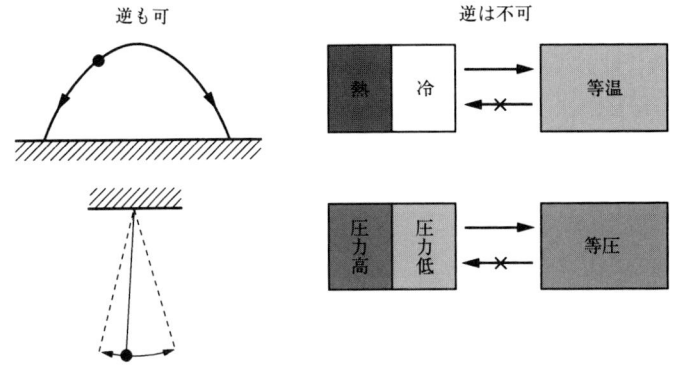

図 1.3 可逆性と不可逆性

静止している物体が自然に熱を吸収して動き出したということは起こった試しがない*).

ところが, 力学の運動方程式 $m\dfrac{d^2\boldsymbol{r}}{dt^2}=\boldsymbol{F}$ は, t を $-t$ に変える変換に対して不変(時間に関し反転対称)であるから, 逆の運動も可能である, すなわち可逆的である. したがって, ある分子がある飛跡をたどって運動したとすると, この飛跡を全く逆にたどって運動することが可能である. そうであれば, 圧力の高い気体と低い気体を接触させて気体分子が容器内に一様に分布しても, すべての分子が全く逆の飛跡をたどれば, ふたたび一方に分子が片寄ってきて圧力の差ができるということが起こってもいいはずである. しかしこういうことは決して起こらない. 後で学ぶように(第 4 章-4.4 (p.52)), 不可逆性は無限といってよいほどの多数の粒子の平均としてのふるまいから生じるのである.

以上のように, 熱現象は, 対象とする粒子の数が非常に多いことと, 不可逆的な現象を伴うことから, 力学などとは違った取り扱いをしなければならない. この取り扱いには, 巨視的立場にたつものと微視的立場にたつものがある. 熱力学は巨視的立場にたつものであり, これに対して, **統計力学** (statistical mechanics)は微視的立場にたつものである. 熱力学は, 対象を経験的法則に基づいて測定可能な巨視的量の間の関係として現象論的に記述する. 統計力学

---

*) 現象が可逆的か不可逆的かの判定は, たとえば, その現象をビデオに撮ってそれを逆に回して見て, 自然か不自然かを判定すればよい.

は，現象を構成要素である原子や分子の平均的なふるまいとみなし，これらに対する力学（または量子力学）の法則と確率論によって，統計的法則として記述する．統計力学はマクスウェル（Maxwell, 1831-1879, イギリス）やボルツマン（Boltzmann, 1844-1906, オーストリア）たちによって始められた．

1.4 熱平衡と温度

温度や圧力が変化しないような状態は，巨視的にみて変化のない状態であるが，この状態を**熱平衡状態**（thermal equilibrium）という．熱平衡状態は少数の巨視的量（たとえば，温度と圧力）で表すことができる[*]．

断熱壁で囲まれた気体のように外部と熱のやりとりをしない系を，熱的に孤立した系（**孤立系**（thermally isolated system））という．孤立系を熱平衡ではない状態にしてから十分長い時間放置すると熱平衡状態に到達する．

2つの系AとBを接触させると，十分長い時間の後にAとBを合わせた系は熱平衡に達する．熱平衡に達した2つの系は，それらの間の接触を絶ってから再び接触させても変化は起こらない．このことから，

> 系Aと系Bが熱平衡にあり，系Bと系Cが熱平衡にあれば，系A
> と系Cも熱平衡にある

ということができる．これを**熱力学第0法則**（The zeroth law of thermodynamics）という．

熱平衡状態を表す巨視的量の1つに**温度**（temperature）がある．温度目盛は基準になる温度をいくつか決め，それらの間を等分するという方法がとられる．このとき，基準になる温度を**温度定点**という．たとえば，**セ氏目盛**（セルシウス（Celsius）温度）では，温度の定点として1気圧のもとでの氷の融点と水の沸点をとり，それぞれの温度を0°Cと100°Cとし，その間を100等分してその間隔を1°Cとする[**]．

---

[*] 熱平衡状態でも微視的にみると構成粒子は複雑な熱運動を続けている．
[**] 欧米などで使われる**カ氏目盛**は，ドイツの物理学者ファーレンハイトが提唱し，温度定点を，水と氷と塩化アンモニウムでつくられた寒剤で得られる最低の温度を0度，人体の温度を96度とした．セ氏との換算式は $t_C = \left(\dfrac{5}{9}\right)(t_F - 32)$ である．

しかし，温度目盛を物質によらずに決めることができればそのほうが理想的である．トムソンは熱力学の法則から**絶対温度**(**熱力学温度**)を定めた(第3章-3.4 (p.38))．絶対温度の単位には彼の後の名前にちなんで**ケルビン** [K] が用いられている．絶対温度 T[K] とセ氏 (t[℃]) は $t = T - T_0 (T_0 = 273.15\,\text{K})$ の関係で結ばれる．

現在，実用的な温度測定の標準は**国際温度目盛**で決められている．最新のものは1990年に国際度量衡*)で決められた1990年国際温度目盛(ITS 90 (international temperature scale of 1990))である(付録3 (p.98)参照)．

熱平衡状態を温度を用いて表現すると

　　たがいに熱平衡にある系は温度が等しい

ということができる．

1.5 状態量と状態方程式

熱平衡状態を表す巨視的な物理量を**状態量** (quantity of state) という．状態量はその性質から次のように2種類の分け方をすることができる．

1つの分け方では，状態量を力学的な量と熱的な量に分ける．力学的な量は，体積 V (volume)，圧力 p (pressure)，内部エネルギー U (internal energy) などであり，熱的な量は，温度 T，エントロピー S (entropy) などである．

他の分け方は，系の分量に関係しない量と系の分量に比例する量に分ける分け方である．前者は**示強変数** (intensive variable) とよばれ，圧力 p，温度 T などであり，後者は**示量変数** (extensive variable) とよばれ，体積 V，内部エネルギー U，エントロピー S などである．

状態量は系の状態だけで決まるものであるから，どのような状態からどのように変化させても，最後の状態が同じであれば等しい値をもつ．2章-2.3 (p.20) で述べるように，熱や仕事は系が外部とやりとりをするものであって，系

---

*) 度，量，衡とは，順に，長さ，体積，質量を意味すると同時に，それぞれをはかるための道具をも意味する．すなわち計量の基準を意味する．国際度量衡は，1875年に調印されたメートル条約に基づき，度量衡の単位をメートル法によって世界的に統一するために設立された計量標準の国際的維持供給機関である．

の熱平衡状態を表すものではないから，状態量ではない．

状態量はおたがいに独立なものではなくある関係で結ばれている．この関係を表す式を**状態方程式**（equation of state）という．これは簡単な物質の場合

$$F(p, V, T) = 0 \quad \text{または} \quad T = f(p, V) \tag{1.7}$$

のような関数形で表される．

たとえば，ボイル-シャルルの法則で知られる**理想気体**（ideal gas）**の状態方程式**は，1モルに対して

$$pV = RT \tag{1.8}$$

である．ここに $R(=8.31\,\mathrm{J\cdot mol^{-1}\cdot K^{-1}})$ は気体定数である．理想気体の状態方程式は，分子に大きさがなく（点状分子），分子間に力がはたらかないと仮定することによって導くことができる（第6章-6.1 (p.77)）．このように，理想気体のような簡単な物質の場合は独立な状態量は2つであり，他の状態量はその2つで表すことができる，すなわちその2つの関数となる[*]．

理想気体の状態方程式は，温度が低い場合や，圧力が大きい場合には実際の気体の状態と合わない．これは実際の気体分子には大きさがあり，また，分子どうしはおたがいに引き合っているからである．ファンデルワールス（van der Waals, 1837-1923, オランダ）は，分子間の引力と分子の大きさを考慮して式 (1.8) を補正し

$$\left(p + \frac{a}{V^2}\right)(V - b) = RT \quad (1\,\text{モルに対して}) \tag{1.9}$$

のような**ファンデルワールスの状態方程式**を提案した(1873)．この式の導出は以下のような考えからなされた．

実際の気体の分子はおたがいに引力によって引き合っているから，分子が容器の壁におよぼす圧力 p（観測される圧力）は，引力がない場合に比べて小さくなる．分子間引力の合計は，個々の分子に力をおよぼすまわりの他の分子数と全体の分子数に比例する．これらは密度 ρ に比例し，密度は $\frac{1}{V}$ に比例するから，引力がない理想気体の状態方程式の p の代わりに，観測される圧力 p に

---

[*] 化学反応や電磁気的な作用がある場合などでは，これらを表す新たな状態量が必要であり，独立な状態量は3つ以上になる．

$\dfrac{1}{V^2}$ に比例する項をつけ加えたものを採用する．また，気体分子には大きさがあるから，分子が実際に動き回れる体積は容器の容積 V より小さい．したがって，点状分子である理想気体の状態方程式の V の代わりに，容器の体積から分子の体積の総和に相当する一定値 b を引いたものを採用する．

ファンデルワールスの状態方程式の温度一定の曲線群を描くと図 1.4 のようになる．

曲線①は温度が低い場合である．式 (1.9) は曲線 PQTUVRS であるが，実際は PQ から直線 QR（**マクスウェルの直線**という．第 5 章-5.6 (p.74) 参照）を経て RS となる．これは，TUV のような変化は体積が増して圧力が増すような変化であるが，実際にはこのようなことは起こらないからである．

たとえば，シリンダーに気体を入れてピストンで圧縮する場合を考える（図 1.5）．状態 S から圧縮していくと，R までは体積が減るにつれて圧力が増していく．しかし，R から Q までは体積が減っても 圧力は変わらない．これは気体が液化して体積がきわめて減少するからである．すなわち，直線 QR の部分では液体（液相）と気体（気相）が共存している[*]．PQ の部分は液体であり，圧力に対する体積の変化はきわめて小さい．なお，QTU で囲まれた部分の面積と UVR で囲まれた部分の面積は等しいことが証明できる（第 5 章-5.6 (p.74)）．

曲線③は温度が高い場合で，気体のみが存在し理想気体の状態方程式に近い．

③のように高温で単調な変化をする場合と，①のように低温で式 (1.9) が極

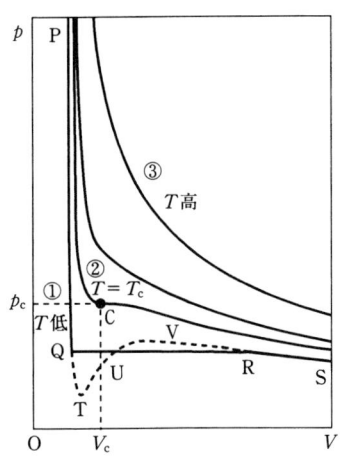

図 1.4　ファンデルワールスの状態方程式

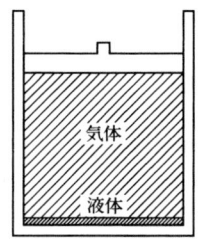

図 1.5　気体の圧縮

---

[*]　物質の物理的，化学的に均一な部分を相という．この場合シリンダーの中には液体と気体があるので全体としては不均一である．しかし，液体の部分，気体の部分はそれぞれ均一であるので，それぞれを液相，気相という．

大極小をもつ場合とを分ける温度を**臨界温度**といい T_c で表す．曲線②は臨界温度の場合である．このとき曲線は極大極小をもたない．変曲点(付録1(p.88)参照) C(p_c, V_c, T_c) を**臨界点**といい，ここでのみ液体と気体が共存する．

付録4 (p.99) に実在の気体のファンデルワールス定数 a と b を示し，ファンデルワールスの状態方程式の諸性質が調べてある．

第1章に関する問題

1.1 ボイル-シャルルの法則より気体定数の値を計算せよ．ただし，1気圧 (1.01325×10^5 N·m^{-2})，0°C (273.15K) での1モルの気体の体積は 2.241383×10^{-2} m^3 である．

1.2 固体の線膨張率がたがいに垂直な3方向で α_x, α_y, α_z であるとき，体膨張率はどれだけか．

1.3 水銀温度計は全体が周囲と熱平衡になったとき正しい温度を示す．液体の温度を測るとき全体が液体に浸かっていないとき正しい温度を求める式を導け（図1.6）．

1.4 図1.7のような管に液体を入れ，左側の部分を温度 T_1, 右側の部分を温度 T_2 に保つ．液面の高さの差を測ったら，左側で h_1, 右側で h_2 であった．液体の体膨張率を求めよ．

1.5 図1.8のように二重になったガラス管の B 部に水と水銀を入れて全体を 0°C に保つ．まず A 部に寒剤を入れると B 部に氷ができた．次に，寒剤を取り出して 150°C の固体 1g を A 部に入れると氷が一部解けて B 部の体積が減った．これを水銀

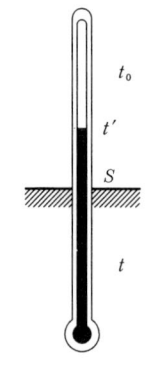

図 1.6

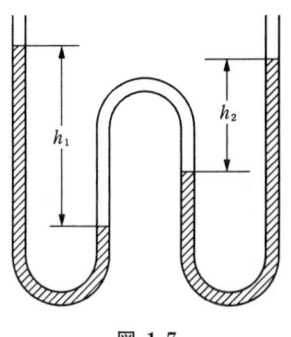

図 1.7

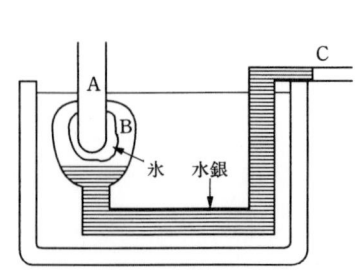

図 1.8

の端 C の移動で測ったら 15 mm³ であった．固体の比熱を求めよ．ただし，0°C における水と氷の 1g の体積はそれぞれ 1.00015 cm³, 1.09085 cm³, 氷の融解熱は 80 cal/g である（これをブンゼンの熱量計という）．

1.6 厚さ d, 熱伝導率 λ の材料で作られ全表面積が S の容器の中に，質量 m, 比熱 c, 温度 T_0 の液体が入っている．外気温が T のとき τ 秒後の液体の温度を求めよ．

第2章　熱力学第1法則

　　熱力学における重要な過程である準静的過程を説明し，熱と力学的仕事を含めたエネルギー保存則である熱力学第1法則を提示する．仕事によるエネルギーの移動を考察することから仕事を状態量で表す．気体の内部エネルギーを調べる実験を2つ紹介する．熱容量と比熱を定義し，等温変化と断熱変化の式を導く．最後に，熱力学第2法則誕生の背景となったカルノーサイクルを考察する．

2.1　熱力学過程

　熱平衡状態にある巨視的体系に外力を加えたり熱を与えたりすると系の状態が変化する．たとえば，シリンダーに詰められた気体をピストンで押して圧縮する場合や，ビーカーに入れた液体をアルコールランプで熱する場合などである．このとき系は，一般に，熱平衡状態からはずれるがしばらく放置すると最後には新しい熱平衡状態に達する．このように系が，単独に，あるいは，他の系と作用して，ある熱平衡状態から別の熱平衡状態へ変化する過程を**熱力学過程**（thermodynamic process）という．

　熱力学において，とくに重要でこれからしばしば用いられる熱力学過程に**準静的過程**（quasi-static process）とよばれるものがある．これは，変化の途中でつねに熱平衡状態が保たれているような仮想的な過程である．系を変化させるということは仕事や熱を加えて系の状態を熱平衡状態から乱すことであるから，厳密にいうとこのような過程を行うことは不可能である．しかし，これは非常にゆっくりとした変化の極限と考えられ，十分ゆっくりと変化させることによって近似的に実現することができる．準静的過程では熱平衡状態を保ちながら変化させるとみなせるから，変化を逆にたどることができるので可逆的である．また，変化の過程で系の状態を状態量で表すことができるので，種々の

計算を行うことができる．

よく使われる熱力学過程の例としては次のようなものがある．

系を温度一定の熱源と接触させて温度を一定に保ちながら行う準静的過程を準静的等温過程（quasi-static isothermal process）という（通常単に**等温過程**という）．ここで，**熱源**とは熱の吸収放出を行ってもその温度の変化が無視できるような系のことである[*]．

これに対して，系を熱的に外部から遮断して外部と仕事の授受だけをして行われる準静的過程を準静的断熱過程（quasi-static adiabatic process）という（通常単に**断熱過程**という）．

ある熱力学的状態から熱力学過程を経てもとの状態に戻る過程を**サイクル**（循環過程）（cycle）という（図 2.1）．これは熱機関のモデルである．サイクルでは系が外部と熱や仕事のやりとりをするが，これを行う物質を**作業物質**という．

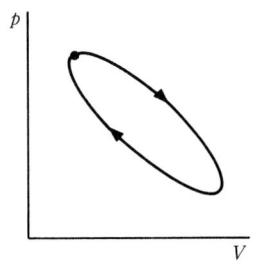

図 2.1　サイクル

2.2　熱力学第1法則

第1章で述べたように，ジュールは羽根車の実験（図 2.2）を行って熱はエネ

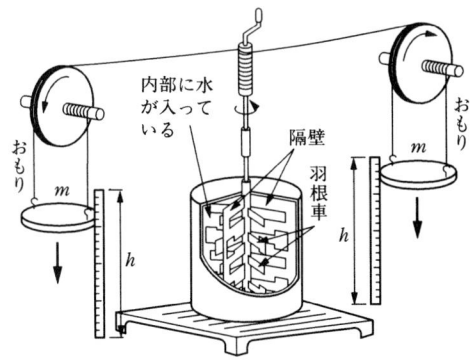

図 2.2　ジュールの羽根車の実験

---

[*]　きわめて熱容量の大きい系によって近似的に実現できる．

ルギーの一種であることを証明し,熱量 Q と仕事 W の間の関係

$$W = JQ \tag{2.1}$$

を求めた.J は1cal(カロリー)の熱量に相当する仕事で,**熱の仕事当量**(mechanical equivalent of heat)とよばれ,その値は $4.19\,\mathrm{J\cdot cal^{-1}}$ である.すなわち,1cal は 4.19J である.しかし,現在では熱もエネルギーの一形態であることが分かっているから,国際単位系における熱量の単位は J(**ジュール**)である[*].

物質は原子や分子からできており,各原子や分子は,それらの乱雑な運動による運動エネルギーや,それらの間にはたらく力によるポテンシャル(位置)エネルギーをもっている.物体全体が運動していたり,高い位置にあれば物体全体として運動エネルギーやポテンシャルエネルギーをもっているが,それらを除いて,構成要素である原子や分子がもつエネルギーの総和を**内部エネルギー**という.

熱力学第1法則は,力学的エネルギーと熱エネルギーを合わせたエネルギー保存則である.これは,内部エネルギーの変化量を ΔU,系が吸収した**熱量**を Q,系がなされた**仕事**を W としたとき

$$\Delta U = Q + W \tag{2.2}$$

と表される.この本ではこれから Q と W の符号は,とくに断らない限り,考えている系がエネルギーを得る場合を正にとることにする.すなわち,Q や W が系に与えられたときを正,系から奪われたときを負とする.

系が微小な熱量 δQ を吸収し,微小な仕事 δW をされ内部エネルギーが dU の微小変化をしたとすると,微小(無限小)変化に対する第1法則は

$$dU = \delta Q + \delta W \tag{2.3}$$

と表される.第1章で述べたように,熱量と仕事は状態量ではないから,状態量の変化量と区別するために変化量に δ の記号を用いた.

---

[*] 栄養の計算などでは慣用的に cal または kcal が用いられる.

2.3 エネルギーの移動

熱力学過程が起こるとエネルギーの移動が起こり，内部エネルギーが変化する．このことを考察することによって状態量ではない仕事を状態量で表そう[*]．

仕事は力学的作用によるエネルギーの移動

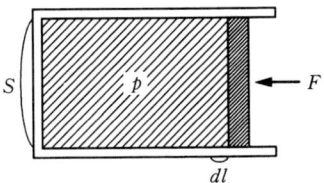

図 2.3 ピストンによる仕事

である．図 2.3 のようにシリンダー内の気体をピストンで押す．このとき，気体の圧力 p よりきわめてわずかだけ大きい力を加えて，ほとんど圧力とつりあっているように力を加える．すると押す力は $F=pS$ であるから，微小距離 dl だけ動くときにピストンが気体にする仕事は $\delta W=Fdl=pSdl$ である．このときの体積の変化は $dV=Sdl$ であるから，系がなされた仕事は

$$\delta W = -pdV \tag{2.4}$$

となる．ここで，体積が減少するとき系に仕事がなされ内部エネルギーが増加するので，前の約束によりそのとき δW が正になるように負符号をつけた．すなわち，$dV<0$ のとき $\delta W>0$ であり，$dV>0$ のとき $\delta W<0$ である．

式 (2.3)，(2.4) より第 1 法則は

$$dU = \delta Q - pdV \tag{2.5}$$

と表される．

式 (2.4) は微小変化に対する仕事であるが，図 2.4 のように，系が状態 $A(p_A, V_A)$ から $B(p_B, V_B)$ まで変化する場合の仕事はどうなるであろうか．この場合は圧力が刻々と変化するから，単純に仕事を圧力と体積の積とすることができない．ところが微少量 pdV は近似的に図 2.4 の斜線部の面積であるから，このときになされる全体の仕事はこのような微少量の和，すなわち曲線 AB と横軸とで囲まれた部分の

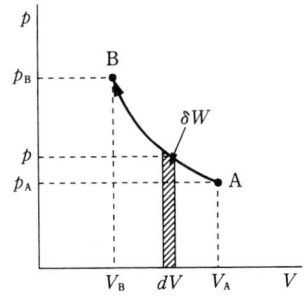

図 2.4 仕事の計算

---

[*] 熱を状態量で表すには新しい状態量を導入する必要がある．これは第 4 章 (p.44) で行う．

> **【参考】たとえ話**
> 　家の財産は給料による収入，貯蓄，不動産，生活費の支出，家賃などいろいろなもので決まるのであって，これらの1つだけで家の財産が決められるものではない．
> 　内部エネルギーは家でいえば財産のようなもので，その変化は，熱量，仕事などいろいろなエネルギーの出入りによって決まるもので，これらのどれか1つだけで決まるものではない．

面積

$$W = -\int_{V_A}^{V_B} p\,dV \tag{2.6}$$

である（付録1 (p.89) 参照）．この場合はこの積分は正となり，このとき系は仕事をされる．系が状態Bから状態Aに変化したとするとこの値は負となり，このとき系は外部に仕事をする．どちらにしてもこの値は最初の状態Aと最後の状態Bを決めても途中の過程が異なれば，式 (2.6) の積分の値が異なってくるので異なる．したがって，仕事によって状態を決めることはできず仕事は状態量ではない．熱は熱的作用によるエネルギーの移動であり，熱も仕事と同じく状態量ではない[*]．仕事も熱もそれだけでは系の状態を決めることはできず，それらを与える過程を指定しなければ系の状態は決まらないのである．

例題 2.1　100℃の水100 gが1気圧のもとで水蒸気になるときの内部エネルギーの変化を求めよ．ただし，100℃における水の気化熱は540 cal/g，100℃，1気圧における水と水蒸気1 gの体積はそれぞれ1.000 cm³，1674 cm³ である．また，1気圧は 1.013×10^5 Pa $= 1.013\times10^5$ N/m²，熱の仕事当量は 4.19 J/cal である．

[解答]
　気化するために吸収した熱量は

　　　$Q = 540\times100$ cal $= 54000\times4.19$ J $= 226260$ J，

---

[*]　後で学ぶように (p.23)，比熱に種類があることから熱は状態量ではないことが分かる．

外部にした仕事は
$$p\Delta V = 1.013 \times 10^5 \times (1674 \times 100 - 1 \times 100) \times 10^{-6} = 16947 \text{ J}$$
である．これらを熱力学第1法則に代入すると
$$\Delta U = Q - p\Delta V = 226260 - 16947 = 2.09 \times 10^5 \text{ J}$$
となる．

2.4 内部エネルギー

気体の内部エネルギーを調べるためにジュールが行った2つの実験をみていこう．

自由膨張の実験（Joule (1845)）

図2.5のように，コックでつながれた2つの容器1, 2を水を満たした水槽に入れ，全体を断熱材で囲む．最初，容器1に気体を入れ，容器2は真空にしておく．この状態を状態Aとする．次に，コックを開けて十分に時間をおくと，容器1，容器2とも一様に気体で満たされる．この状態をBとする．このような気体の真空中への膨張を**自由膨張** (free expansion) という．このとき，状態Aと状態Bで温度の変化を測定すると温度の変化がみられなかった．

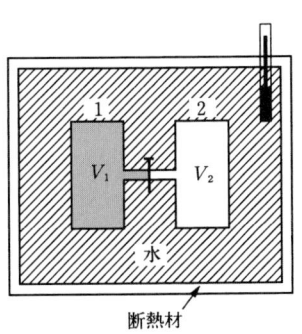

図2.5 自由膨張の実験

この結果より次のような考察をすることができる．まず，真空中への膨張であるから気体は仕事をしないので$W=0$である．また，全体が断熱材で囲まれているから熱の出入りはないので$Q=0$である．したがって，第1法則により内部エネルギーは変化しない．このことは，内部エネルギーUを温度Tと体積Vの関数と考えて$U(T, V)$と書くと，
$$\Delta U = U(T, V_1 + V_2) - U(T, V_1) = 0 \tag{2.7}$$
ということである．すなわち，気体の内部エネルギーUは，温度が変化しなければ体積が変化しても変化しないので，内部エネルギーUは温度Tのみに依存し，体積Vには依存しないと結論づけることができる．

しかしながら,実際の実験では水槽の水の温度の変化を測定したので精度が悪かった.水は熱容量が大きいから,小さな熱の出入りでは温度の変化が小さくて測定にかからなかった可能性があったのである.そのことをトムソンに指摘されたジュールはもっと精密な実験を行った.

細孔栓の実験(Joule and Thomson (1847))

図2.6のように,断熱材で囲まれたシリンダーの途中に綿やコルクなどでつくられた細孔栓を詰める.2個のピストンをシリンダーのAとBの位置にはめ,AとBの間に気体を入れる.左のピストンをゆっくり押して気体を細孔栓を通して流し,定常流*)をつくる.そのときの細孔栓の両側の温度 T_A と T_B を測定する.その結果,両側でわずかに温度の差が認められた.

この実験における内部エネルギーの変化を考える.ピストンがA,Bの位置からそれぞれA′,B′にきたとする.AA′の部分(体積 V_A)には一定の圧力 p_A がはたらき,BB′の部分(体積 V_B)には一定の圧力 p_B がはたらいているから,気体がされた仕事は $W = p_A V_A - p_B V_B$ である.また熱の出入りはないから $Q=0$ である.したがって,内部エネルギーの変化は

$$\Delta U = U(T_B, V_B) - U(T_A, V_A) = W = p_A V_A - p_B V_B \tag{2.8}$$

となる(エンタルピー一定の実験,第5章-5.3 (p.66) 参照).

この実験をいろいろな気体について行ってみると,H_2 や He のような分子が小さい気体では温度変化が小さく,分子の大きい気体では温度変化が大きい.また,圧力が小さいと温度変化が小さく,圧力が大きいと温度変化が大きい.

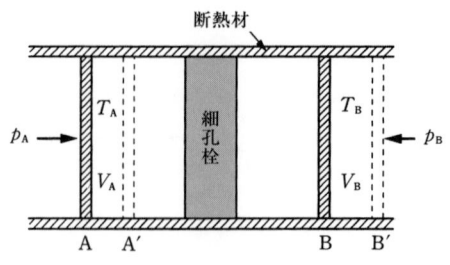

図 2.6 細孔栓の実験

---

*) 時間的に変化しない流れ.

小さい分子からなる気体は分子を点状とする理想気体に近く，圧力が小さく気体の密度が小さくて分子間の平均距離が大きい気体は，分子間引力が小さく理想気体に近いと考えられる．したがって，理想気体の場合は温度が変化しない，すなわち $T_B = T_A = T$ であることが推察できるから，理想気体の状態方程式 $pV = RT$ から $p_B V_B = p_A V_A$ である．したがって式 (2.8) は

$$\Delta U = U(T, V_B) - U(T, V_A) = 0 \tag{2.9}$$

となって，理想気体の内部エネルギーは温度だけの関数ということができる．

このように実在の気体では自由膨張で温度が変化するが，これを**ジュール-トムソン効果**という．とくに，温度が低い場合は温度が下がる場合が多く，これを繰り返すことによってどんどん温度を下げ，気体を液化することができる．

2.5 熱容量と比熱

物質に熱を与えると温度が上昇するがこの上昇は物質によって異なる．系に熱量 δQ を与えて，温度が dT だけ上昇したとき，その系の**熱容量**を

$$C_x = \left(\frac{\delta Q}{dT}\right)_x \tag{2.10}$$

で定義する．熱容量は熱を与える過程によって異なるので，過程の間一定に保たれる状態量 x を添字として添える．

単位量あたりの熱容量を**比熱**という．定義は熱容量と同じで

$$c_x = \left(\frac{\delta Q}{dT}\right)_x \tag{2.11}$$

である．熱容量も比熱も，それが大きければ温度は変化しにくく，小さければ変化しやすい．

気体の比熱には次の 2 つがよく使われる．

体積を一定に保ったまま熱を与える場合の比熱を**定積比熱** (specific heat at constant volume) という．この場合 $x = V$ であるから

$$c_V = \left(\frac{\delta Q}{dT}\right)_V \tag{2.12}$$

と書くことができる．また，体積が変化しない，すなわち $dV = 0$ であるから，第 1 法則 (2.5) より $dU = \delta Q$ である．したがって

$$c_V = \left(\frac{dU}{dT}\right)_V \tag{2.13}$$

となる．

圧力を一定に保ったまま熱を与える場合の比熱を**定圧比熱**（specific heat at constant pressure）という．この場合 $x = p$ であるから

$$c_p = \left(\frac{\delta Q}{dT}\right)_p \tag{2.14}$$

と書くことができる．

このように，熱はそれを与える過程によって温度の変化が異なるから，熱量だけで状態を決めることはできない．すなわち，熱は状態量ではない．

理想気体の定積比熱と定圧比熱との間には一定の関係がある．これを求めよう．理想気体の内部エネルギー U は温度 T のみの関数であるから式 (2.13) より

$$dU = c_V dT \tag{2.15}$$

である．これを第 1 法則 (2.5) に代入すると

$$\delta Q = dU + pdV = c_V dT + pdV \tag{2.16}$$

となるから

$$c_p = \left(\frac{\delta Q}{dT}\right)_p = c_V + p\left(\frac{\partial V}{\partial T}\right)_p \tag{2.17}$$

となる．理想気体の状態方程式 $pV = RT$ より，1 mol について $\left(\frac{\partial V}{\partial T}\right)_p = \frac{R}{p}$ であるから式 (2.17) に代入して

$$c_p = c_V + R \tag{2.18}$$

が得られる．これを**マイヤーの関係式**という．

定圧比熱が定積比熱より大きいことは次の考察から分かる．定積比熱では体積が変化しないから系は外部に仕事をしない．すなわち与えられた熱はすべて内部エネルギーになる．定圧比熱では体積が変化して系は外部に仕事をするから，与えられたすべての熱が内部エネルギーにならない．したがって，同じ温度だけ上昇させようと思えば定圧比熱の場合の方が多くの熱が必要となる．

2.6 等温過程と断熱過程

理想気体を準静的に変化させる 2 つの場合を考えよう．

2.6 等温過程と断熱過程

まず，**等温過程**を考える．$T=$一定であるから，$pV=RT$ より気体は

$$pV = 一定 \qquad (2.19)$$

に従って変化する．図 2.7 に等温曲線 (2.19) のグラフの例が描いてある．

断熱過程は $\delta Q=0$ であるから第 1 法則 (2.5) と $dU=c_V dT$ より

$$\delta Q = c_V dT + p dV = 0$$

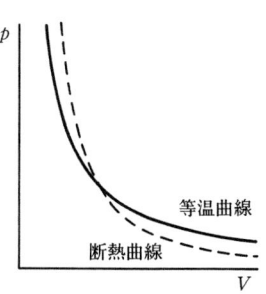

図 2.7 等温過程と断熱過程

である．また，理想気体の状態方程式より $p=\dfrac{RT}{V}$ であるから

$$c_V \frac{dT}{T} + R \frac{dV}{V} = 0$$

となる．ここで，$\dfrac{c_p}{c_V}=\gamma$（**比熱比**ということがある）とおくと，マイヤーの関係式 (2.18) を用いて

$$\frac{dT}{T} = (1-\gamma) \frac{dV}{V}$$

を得る．両辺を積分すると

$$\log T = (1-\gamma)\log V + 積分定数$$

となるから

$$TV^{\gamma-1} = 一定, \qquad (2.20)$$

または $pV=RT$ を用いて

$$pV^\gamma = 一定 \qquad (2.21)$$

が得られる．図 2.7 に断熱曲線 (2.21) のグラフの例が描いてある．$\gamma>1$ であるから，断熱曲線のほうが等温曲線より傾きが急である．また式 (2.20) より，断熱膨張では温度が下がり，断熱圧縮では温度が上がることが分かる．

例題 2.2 1 mol の理想気体が状態 A(p_A, V_A, T_A) から状態 B(p_B, V_B, T_B) に変化したときの内部エネルギーの変化を求めよ．ただし，比熱比を γ とし一定とする．

[解答]

理想気体の内部エネルギーは温度だけの関数であるから，定積比熱を c_V として $dU=c_V dT$ である．これより内部エネルギーの変化量は，

$$\Delta U = \int_{T_A}^{T_B} c_V dT = c_V(T_B-T_A) = \frac{c_V}{R}(p_B V_B - p_A V_A) = \frac{1}{\gamma-1}(p_B V_B - p_A V_A)$$

となる．

例題 2.3 80℃，1 気圧の空気を断熱的にもとの体積の 25 分の 1 に圧縮したら温度はいくらになるか．ただし，この問題では空気の比熱比を 1.5 とせよ．

[解答]

断熱過程の式 $T_1 V_1^{\gamma-1} = T_2 V_2^{\gamma-1}$ (2.20) より

$$T_2 = T_1 \left[\frac{V_1}{V_2}\right]^{\gamma-1} = 353 \times 25^{0.5} = 1765\,\mathrm{K} = 1492\,℃$$

となる．

2.7 カルノーサイクル

熱力学第 2 法則の成立の背景となった**カルノーサイクル**（Carnot cycle）を調べよう．ここでは 1 mol の理想気体を作業物質としたカルノーサイクルを考える．理想気体は図 2.8 のようにピストンによってシリンダーの中に閉じ込められている．

カルノーサイクルは次の 4 つの準静的過程から構成される．

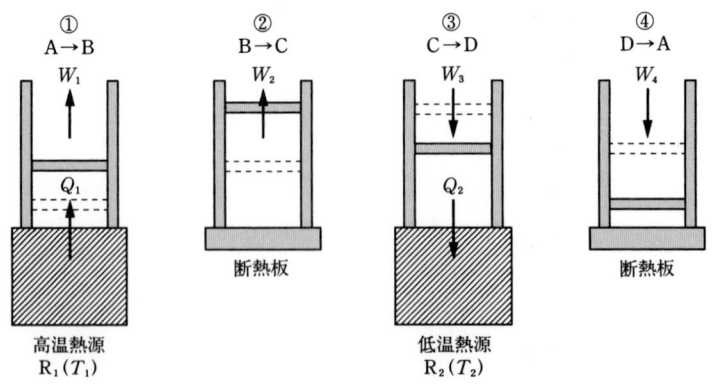

図 2.8 カルノーサイクル

2.7 カルノーサイクル

① 等温膨張 (isothermal expansion)

シリンダーを温度 T_1 の高温熱源 R_1 に接触させ気体の温度を T_1 に保ちつつ，状態 $A(p_A, V_A, T_1)$ から状態 $B(p_B, V_B, T_1)$ に等温膨張させる．このとき，温度が変わらないから内部エネルギーは変化しない．すなわち，外部にした仕事 W_1 と同量の熱 Q_1 を R_1 から吸収する．

② 断熱膨張 (adiabatic expansion)

熱の出入りを絶って状態 $B(p_B, V_B, T_1)$ から状態 $C(p_C, V_C, T_2)$ に膨張させる．このとき，外部に仕事 W_2 をするが，熱の吸収がないから内部エネルギーが減り温度が T_2 まで下がる．

③ 等温圧縮 (isothermal compression)

温度 T_2 の低温熱源 R_2 に接触させ温度を T_2 に保ちつつ，状態 $C(p_C, V_C, T_2)$ から状態 $D(p_D, V_D, T_2)$ に等温圧縮させる．このとき，温度が変わらないから内部エネルギーは変化せず，外部からされた仕事 W_3 と同量の熱 Q_2 を R_2 に放出する．

④ 断熱圧縮 (adiabatic compression)

熱の出入りを絶って状態 $D(p_D, V_D, T_2)$ から圧縮させ状態 $A(p_A, V_A, T_1)$ に戻す．このとき，外部から仕事 W_4 をされるが，熱の放出がないから内部エネルギーが増し T_1 まで温度が上がる．

カルノーサイクルの p-V 図を図2.9に描いた．

次に，カルノーサイクルが外部にする仕事を計算する[*]．

①は温度 T_1 の等温過程であるから $pV = RT_1$ (一定) (式(2.19)) を用いて

$$W_1 = \int_① pdV = \int_{V_A}^{V_B} \frac{RT_1}{V} dV = RT_1 \log \frac{V_B}{V_A}$$

(2.22)

となる．このとき，理想気体の等温過程だから内

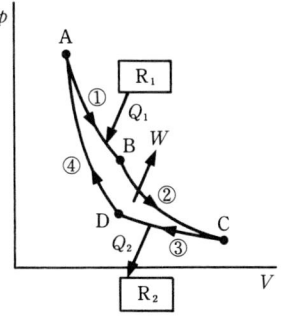

図 2.9 カルノーサイクルの p-V 図

---

[*] ここでは外部にする仕事であるから，$-\int pdV$ ではなく，$+\int pdV$ を計算する．

部エネルギーの変化はないので
$$W_1 = Q_1 \tag{2.23}$$
である.

②は断熱過程であるから式 (2.21) を
$$pV^\gamma = k (一定) \tag{2.24}$$
と書くと
$$W_2 = \int_② p dV = \int_{V_B}^{V_C} \frac{k}{V^\gamma} dV = \frac{k}{1-\gamma}(V_C^{1-\gamma} - V_B^{1-\gamma})$$
$$= \frac{1}{\gamma-1}(p_B V_B - p_C V_C) = \frac{R}{\gamma-1}(T_1 - T_2) \tag{2.25}$$
となる.ここで,状態 B と C における状態方程式 $p_B V_B = RT_1$, $p_C V_C = RT_2$ を用いた.

③では①と同様に計算して
$$W_3 = \int_③ p dV = RT_2 \log \frac{V_D}{V_C} \tag{2.26}$$
となり,また
$$W_3 = Q_2 \tag{2.27}$$
である.

④では②と同様に計算して
$$W_4 = \int_④ p dV = \frac{R}{\gamma-1}(T_2 - T_1) \tag{2.28}$$
となる.

式 (2.23), (2.25), (2.27), (2.28) よりカルノーサイクルが 1 サイクルの間に外部にする仕事は
$$W = W_1 + W_2 + W_3 + W_4 = W_1 + W_3$$
$$= Q_1 + Q_2$$
$$= Q_1 - |Q_2| \tag{2.29}$$
となり,仕事は吸収した熱と放出した熱の差であることが確かめられる.

次にカルノーサイクルから導かれる大切な関係を求めよう.これは次章で第 2 法則を数式化するとき (第 3 章-3.5 (p.39)) に必要である.

②と④の断熱過程について式 (2.20) よりそれぞれ $T_1 V_B^{\gamma-1} = T_2 V_C^{\gamma-1}$,

$T_1 V_{\mathrm{A}}^{\gamma-1} = T_2 V_{\mathrm{D}}^{\gamma-1}$ であるので

$$\frac{V_{\mathrm{B}}}{V_{\mathrm{A}}} = \frac{V_{\mathrm{C}}}{V_{\mathrm{D}}} \tag{2.30}$$

が成り立つ．したがって，式 (2.22), (2.26), (2.30) より

$$\frac{W_1}{T_1} = -\frac{W_3}{T_2}$$

となるから，式 (2.23) と (2.27) より

$$\frac{Q_1}{T_1} = -\frac{Q_2}{T_2}$$

となる．すなわち，$Q_2 < 0$ を考慮すると

$$\boxed{\frac{|Q_2|}{Q_1} = \frac{T_2}{T_1}} \tag{2.31}$$

が成り立つことが分かる．

【参考】 **冷凍機** (refrigerator) と**ヒートポンプ** (heat pump)

外から仕事 W を与えてサイクルを逆に回して，低温熱源 R_2 から熱 Q_2 を取り出し，高温熱源 R_1 に熱 $|Q_1| = Q_2 + W$ を与えることができる．これが冷凍機またはヒートポンプの原理である．

p-V 図で右回りにサイクルを回すと熱機関としてはたらき，左回りに回すと冷凍機としてはたらく．閉曲線で囲まれた部分の面積が，それぞれ，外部にする仕事，外部からされる仕事である．

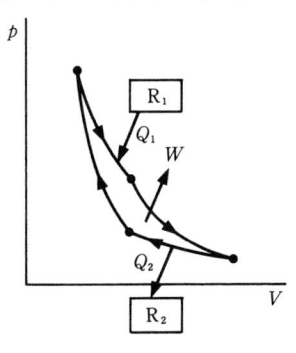

図 2.10 熱機関 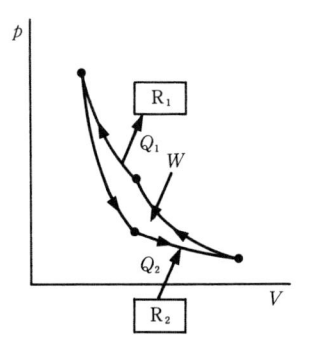　　　図 2.11 冷凍機，ヒートポンプ

熱機関の効率 η は吸収した熱を仕事に変える割合であるから $\dfrac{W}{Q_1}$ である．式 (2.29) より

$$\eta = \dfrac{W}{Q_1} = \dfrac{Q_1 - |Q_2|}{Q_1} = 1 - \dfrac{|Q_2|}{Q_1}$$

であるから，式 (2.31) を用いるとカルノーサイクルの効率 η_C は

$$\eta_\text{C} = 1 - \dfrac{T_2}{T_1} \tag{2.32}$$

となる．これより効率は $T_2 = 0$（絶対 0 度）でない限り 1，すなわち 100% にならないが，これは絶対 0 度が得られない限り不可能である．また，仮に，絶対 0 度が得られたとしても，熱を与えれば絶対 0 度ではなくなるから，効率は決して 100% にならないことが分かる．

第 2 章に関する問題

2.1 ある物質 1 g を 0°C から t [°C] まで熱するために必要な熱量 Q [J] が式

$$Q = c_1 t + c_2 t^2$$

で与えられるとき，t [°C] における比熱と，t_1 [°C] と t_2 [°C]（$t_1 < t_2$）の間の平均の比熱を求めよ．

【ヒント】 比熱の定義を用いる．この場合 $\dfrac{\delta Q}{dT} = \dfrac{dQ}{dT}$ とせよ．

2.2 20°C の水 100 g を 1 気圧のもとで熱して 30°C にしたときの内部エネルギーの変化を求めよ．ただし，20°C と 30°C における水の密度はそれぞれ $0.99820 \,\text{g/cm}^3$，$0.99565 \,\text{g/cm}^3$ であり，水の比熱は $4.19 \,\text{J/g·K}$ である．

【ヒント】 吸収する熱量と体積変化による仕事を求め第 1 法則を用いる．

2.3 n [mol] の理想気体が状態 A(p_A, V_A) から状態 B(p_B, V_B) に等温的に膨張するとき，気体が外部にする仕事，吸収した熱量，内部エネルギーの変化を求めよ．

【ヒント】 等温過程であるから $pV = $ 一定．

2.4 シリンダーに 1 mol の理想気体を入れ，重さのあるピストンで押さえている．最初，気体の温度は T_0 であった．加熱して温度を 2 倍にするとき気体のした仕事はいくらか．

【ヒント】 圧力は一定である．

2.5 容積 $27.0 \,\text{m}^3$（ほぼ日本間 6 畳の容積）の部屋を，空気が漏れないようにして 0°

Cから20℃に暖めるのに必要な熱量を求めよ．また，このときの内部エネルギーの変化を求めよ．ただし，空気の定積比熱は717J/kg·K，密度は0℃，1気圧のとき1.25kg/m³である．

【ヒント】 体積一定であるから定積比熱を用いる．

2.6 容積27.00m³の空気を1気圧のもとで加熱し0℃から20℃にするのに必要な熱量を求めよ．また，空気が外部にした仕事と内部エネルギーの変化を求めよ．ただし，空気の比熱比γを1.4とする．

【ヒント】 圧力一定である．比熱比と前問の定積比熱の値を用いる．

2.7 容積27.00m³の部屋の空気を1気圧のもとで加熱し0℃から20℃にするのに必要な熱量を求めよ．ただし，この部屋は空気が漏れるものとする．

【ヒント】 圧力，体積が一定であるが，空気が漏れるので中の空気の質量が変わる．nモルに対する状態方程式を質量と分子量で書く．

2.8 理想気体について$\delta Q = c_v dT + p dV$ 式(2.16)より$\delta Q = c_p dT - V dp$を導け．

【ヒント】 $d(pV) = pdV + Vdp$と状態方程式を用いる．

2.9 一定量の理想気体を等圧のもとで熱して体積を増加させた．気体に与えた熱量のうち体積膨張のために使われる熱量の割合を求めよ．ただし，比熱比をγとする．

【ヒント】 吸収した熱量と外部にした仕事を求め，マイヤーの関係式を用いる．

2.10 理想気体を一定の圧力のもとで熱するとき，単位体積当たりの内部エネルギーは変化しないことを示せ．

【ヒント】 $dU = c_v dT$ と $pV = nRT$ を用いる．

2.11 理想気体が断熱膨張するとき外部に対してする仕事を求め，これが内部エネルギーの減少量に等しいことを直接示せ．

【ヒント】 $pV^\gamma = k$（一定）より $W = \int p dV$ を計算する．

2.12 コックのついた容器の中に大気圧p_0より大きい圧力p_1の気体を入れ大気と同じ温度にしておく．コックを開いて気体を大気中に噴出させ，容器内の気圧がp_0になったところでコックを閉じる．十分長い時間放置し容器内の温度が大気と等しくなったときの気圧をp_2とする．この実験により比熱比を求める式を導け．

【ヒント】 コックを開いている時間は短いので断熱過程とみなし，また，気体を理想気体とみなす．

2.13 1気圧のもとで，100℃の水と水蒸気で満たされた高温熱源と，0℃の水と氷で満たされた低温熱源との間で，理想気体を作業物質とするカルノーサイクルを逆に回す．高温熱源の水が0.1kg蒸発するとき，低温熱源の水がどれだけの氷になるか．

ただし,水の気化熱と融解熱はそれぞれ540 kcal/kg, 80 kcal/kg である.

【ヒント】 $\dfrac{|Q_2|}{Q_1} = \dfrac{T_2}{T_1}$ を用いる.

2.14 気体が図2.12のようなサイクルを行うとき吸収する熱量はどれだけか.

また,理想気体の場合を考えてマイヤーの関係式を導け.

【ヒント】 サイクルであるから一周したとき吸収した熱量は外部にした仕事の絶対値に等しい.仕事を求め,熱量を c_V, c_p を用いて表し比較する.

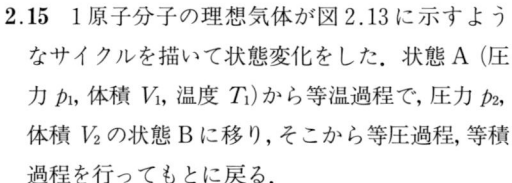

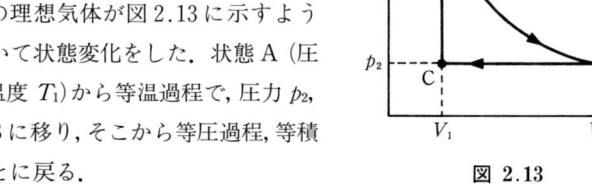

図 2.12

2.15 1原子分子の理想気体が図2.13に示すようなサイクルを描いて状態変化をした.状態A(圧力 p_1, 体積 V_1, 温度 T_1)から等温過程で,圧力 p_2, 体積 V_2 の状態Bに移り,そこから等圧過程,等積過程を行ってもとに戻る.

図 2.13

(a) 気体のモル数はいくらか.
(b) B点,C点での温度はいくらか.
(c) B→C, C→Aでの温度はそれぞれ体積,圧力に比例することを示せ.そのときの比例定数を求めよ.
(d) 各過程で気体がした仕事を求めよ.
(e) 各過程での気体が吸収した熱量を求めよ.
(f) 各過程での内部エネルギーの変化を求めよ.

【ヒント】 m[mol] についての理想気体の状態方程式を用いて仕事の計算をする.また,(e)は1原子分子の定積比熱 $c_V = \dfrac{3}{2}mR$ と定圧比熱 $c_p = \dfrac{5}{2}mR$ を用いる(第6章(p.79)参照).

第3章　熱力学第2法則

　可逆性と不可逆性について述べたあと，熱力学第2法則の2つの表現を提示し，両者の同等性を証明する．熱機関の効率を考察し，熱力学温度を定義する．第2法則の数式化としてのクラウジウスの不等式を導く．

3.1　可逆過程と不可逆過程

　不可逆性は熱現象の特徴であるが，可逆と不可逆をきっちりと定義しておこう．系がある状態から他の状態へ変化した場合，外部に何の変化も残さずにすべてをもとの状態に戻すことができる過程を**可逆過程**（reversible process）という．この場合，必ずしももとの過程を逆にたどる必要はない．ただし，もとの過程を逆にたどることができるような過程を狭い意味での可逆過程ということもある．第2章-2.1（p.16）で述べたように，準静的過程では，つねに熱平衡状態が保たれているから，準静的過程は逆行可能な可逆過程である．

　これに対して，系をもとの状態に戻した場合，必ず外部に何らかの変化が残る過程を**不可逆過程**（irreversible process）という（第1章-1.3（p.8）参照）[*]．

3.2　熱力学第2法則

　第2章-2.7（p.30）で見たように，カルノーサイクルの効率は決して100%になることはない．すなわち，カルノーサイクルにおいては熱の吸収過程だけでなく，必ず熱の放出過程があり，吸収した熱をすべて仕事に変えることはできない．このことをふまえて**熱力学第2法則**が確立された．第2法則はこれを研究した学者によっていろいろな表現がなされているが，これらはすべて同等で

---

[*]　純粋な力学的，電磁気的現象は可逆であるが，現実に起こる熱を伴う現象はすべて不可逆である．準静的過程のような熱を伴う現象の可逆過程は理想化である．

あることが証明できる．ここでは代表的な2つをあげる*)．

クラウジウスの原理は次のようにいい表される：

> 低温物体から高温物体に熱を移すことは，それ以外に何の変化も残さずにすることは不可能である．

トムソンの原理は次のようにいい表される：

> 1つの熱源から吸収した熱をすべて仕事に変えることは，それ以外に何の変化も残さずにすることは不可能である．

熱力学第2法則はこのように文章で表現されているのであるが，そこにいろいろな表現があるということはこれが数式で表されていないからである．自然科学，とくに物理学においては，法則を数式で表現することが重要である．文章は読む人によって解釈が異なる可能性があるが，数式化されれば，用いられる数学さえ理解していれば，計算によって法則から種々の結果を導くことができ，しかも誰が計算しても同じ結果を得ることができる**)．したがって，この章の最後の節（p.39）で第2法則の数式化を行うことにするが，まず上のクラウジウスの原理とトムソンの原理が同等であることを証明しよう．以下で，クラウジウスの原理を［C］，トムソンの原理を［T］で表すことにする．

［C］と［T］の同等性をを証明するためには，［C］が成り立てば［T］が成り立つことと，その逆の，［T］が成り立てば［C］が成り立つことの両方が証明できればよい．しかし，両方ともその表現が否定文であるため，命題そのものを証明することは難しいので，それぞれの対偶***)を証明することにする．

［C］が成り立てば［T］が成り立つことを証明するために，［T］が成り立たなければ［C］も成り立たないことを証明する．

図3.1のように，高温熱源 R_1 と低温熱源 R_2 の間ではたらくサイクルCと $\overline{C_C}$ を考える．Cは［T］に反するサイクル，すなわち，R_1 から吸収した熱 Q' を

---

*) 他に，たとえば「第2種永久機関は存在しない」といういい方もある．
**) 近似計算においてはこの限りではない．
***) 「Aが成り立てばBも成り立つ」という命題があるとき，「Bが成り立たなければAも成り立たない」という命題を対偶という．対偶が成り立てばもとの命題も成り立つ．

3.2 熱力学第2法則

すべて仕事 W に変えて，それ以外に何の変化も残さないとする．また，$\overline{C_c}$ はカルノーサイクルを逆に回すサイクルである．

熱力学第1法則より C の1サイクルについて

$$Q' = |W| \tag{3.1}$$

である．C からの仕事 $|W|$ によって $\overline{C_c}$ を回し，低温熱源 R_2 から熱 Q_2 を吸収して高温熱源 R_1 に熱 Q_1 を放出するとする．$\overline{C_c}$ の1サイクルについて

$$Q_2 + |W| = |Q_1| \tag{3.2}$$

であるから式 (3.1)，(3.2) より

$$Q_2 = |Q_1| - Q' \tag{3.3}$$

となる．2つのサイクルを合わせたものはやはりサイクルであるから，C と $\overline{C_c}$ を合わせたサイクルを考えると，このサイクルは低温熱源 R_2 から吸収した熱 $Q_2 = |Q_1| - Q'$ を，すべて高温熱源 R_1 に移してそれ以外に何らの変化も残していないから [C] に反している．すなわち [T] が成り立たなければ [C] も成り立たないことが証明された．

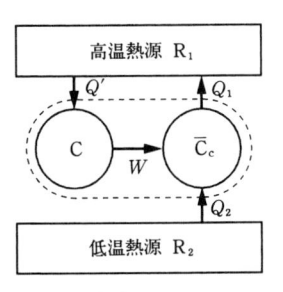

図 **3.1** [C] が成り立てば [T] が成り立つことの証明

次に，[T] が成り立てば [C] が成り立つことを証明するために，[C] が成り立たなければ [T] も成り立たないことを証明する．

図 3.2 において，C は [C] に反するサイクル，すなわち，低温熱源 R_2 から吸収した熱 Q_2 をすべて高温熱源 R_1 に移してそれ以外に何の変化も残さないとする．C_c はカルノーサイクルで，R_1 から熱 Q_1 を吸収し，外部に仕事 $|W|$ をし，R_2 に熱 Q_2 を放出する．C_c の1サイクルについて

$$Q_1 = |Q_2| + |W| \tag{3.4}$$

であるから

$$|W| = Q_1 - |Q_2| \tag{3.5}$$

となる．したがって，C と C_c を合わせたサイクルは，R_1 から吸収した熱 $Q_1 - |Q_2|$ をすべて仕事 $|W|$ に変えて他に何らの変化も残していない．すなわち [T] に反している．すなわち [C] が成り立たなければ [T] も成り立たないことが証明され

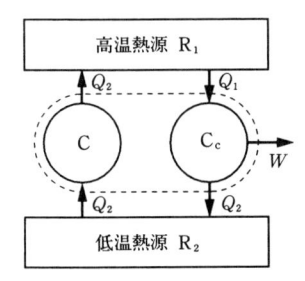

図 **3.2** [T] が成り立てば [C] が成り立つことの証明

た．

以上で［C］と［T］の同等性が証明された．

例題 3.1 1つの系が温度一定の外界と接触しながら可逆サイクルを行うとき，1サイクルの間にする仕事は0であることをトムソンの原理から示せ．

［解答］
1サイクルの間に外界から吸収した熱量を Q，外部にした仕事を W とすると，1サイクルの後に系はもとに戻り内部エネルギーの変化は0であるから $Q+W=0$ である．したがって $W=-Q$ となる．

ここで，$Q>0$ とすると，$W<0$ となって，この系は1つの熱源から吸収した熱をすべて仕事に変えて他に何の変化も残さないことになるから，トムソンの原理に反する．また，$Q<0$ とすると $W>0$ となるが，これは可逆サイクルであるから逆に回したときを考えると同じ議論をすることができるから $Q=0$ でなければならない，したがって $W=0$ である．

3.3　熱機関の効率

熱力学第2法則より，一般の**熱機関の効率**（サイクルの効率）は可逆サイクルの効率を越えないことを証明することができる．

図3.3のように，高温熱源 R_1 と低温熱源 R_2 の間ではたらくサイクルCと $\overline{C_c}$ を考える．Cは任意のサイクルで，第1法則により1サイクルについて

$$Q_1' = |Q_2'| + |W| \tag{3.6}$$

である．$\overline{C_c}$ はカルノーサイクルの逆サイクルでCのする仕事 $|W|$ によってはたらく．$\overline{C_c}$ の1サイクルについて

$$Q_2 + |W| = |Q_1| \tag{3.7}$$

である．式 (3.6) と (3.7) の辺々を加えると

$$Q_1' + Q_2 = |Q_2'| + |Q_1| \tag{3.8}$$

となるから

$$Q_1' - |Q_2'| = |Q_1| - Q_2 \tag{3.9}$$

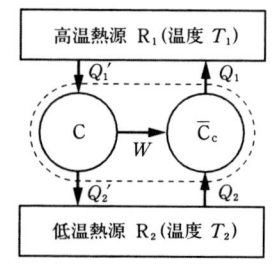

図 3.3 熱機関の効率

および
$$Q_2 - |Q_2'| = |Q_1| - Q_1' \tag{3.10}$$
が得られる．

もし $Q_2 - |Q_2'| = |Q_1| - Q_1' > 0$ とすると，C と $\overline{C_C}$ を合わせたサイクルは低温熱源 R_2 から高温熱源 R_1 に熱を移してそれ以外に何らの変化を残していないことになるから，クラウジウスの原理に反する．したがって，
$$Q_2 - |Q_2'| = |Q_1| - Q_1' \leq 0 \tag{3.11}$$
でなければならない．これより
$$|Q_1| \leq Q_1' \tag{3.12}$$
を得る．式 (3.6)，(3.9)，(3.12) より C の効率について
$$\eta = \frac{|W|}{Q_1'} = \frac{Q_1' - |Q_2'|}{Q_1'} = \frac{|Q_1| - Q_2}{Q_1'} \leq \frac{|Q_1| - Q_2}{|Q_1|} = \eta_C \tag{3.13}$$
が成り立つことが分かる．すなわち，サイクルの効率はカルノーサイクルの効率を越えることはできない．式 (2.31) を用いると
$$\eta \leq \eta_C = 1 - \frac{T_2}{T_1} \tag{3.14}$$
となる．

一般に

　　サイクルの効率は可逆サイクルの効率を越えることはできない

ということができる．

　式 (3.14) の等号は C が可逆サイクルの場合に成り立つことが次のようにして分かる．C が可逆サイクルの場合，C と $\overline{C_C}$ の役割を入れ替えると，式 (3.11) に相当する式は
$$Q_2' - |Q_2| = |Q_1'| - Q_1 \leq 0 \tag{3.15}$$
であるから式 (3.12) に相当する式は
$$Q_1 \geq |Q_1'| \tag{3.16}$$
となる．この場合，式 (3.12) と (3.16) の両方が成り立つから $|Q_1| = Q_1'$ となり式 (3.13) と同様の計算より
$$\eta = \eta_C \tag{3.17}$$

が得られる．すなわち，可逆サイクルの効率はカルノーサイクルのそれと等しい．

例題 3.2 温度 400°C の高温熱源と 100°C の低温熱源の間ではたらく可逆熱機関の効率を求めよ．また，高温熱源から毎秒 1000 cal の熱を吸収するときの仕事量と，低温熱源へ放出する熱量とを求めよ．

[解答]
$T_1 = 400°C = (400+273) K = 673 K$, $T_2 = 100°C = (100+273) K = 373 K$ であるから，熱機関の効率の式 (3.14) より

$$\eta = 1 - \frac{T_2}{T_1} = 1 - \frac{373}{673} = 0.446 = 44.6\%$$

次に，熱機関の効率の定義 $\eta = \frac{|W|}{Q_1}$ に，$\eta = 0.446$, $Q_1 = 1000$ cal を代入して $|W| = \eta Q_1 = 0.446 \times 1000 = 446$ cal/s $= 1.87 \times 10^3$ J/s[W]，また，第1法則より $|Q_2| = Q_1 - |W| = 1000 - 446 = 554$ cal/s が得られる．

3.4 熱力学温度

可逆サイクルの効率が作業物質によらないことから，第1章-1.4 (p.11) で述べた**熱力学温度**（thermodynamic temperature）を次のように決めることができる．

可逆サイクルで成り立つ式（カルノーサイクルの式 (2.30)）

$$\frac{T_2}{T_1} = \frac{|Q_2|}{Q_1} \tag{3.18}$$

を用いると，可逆サイクルにおいて吸収する熱量と放出する熱量を測定すれば式 (3.18) の右辺が分かり，これより高温熱源と低温熱源の温度の比を決めることができる．したがって1つの温度定点を決めれば温度目盛を決めることができる．このようにすると作業物質によらない温度目盛を得ることができる．

式 (3.18) は理想気体を作業物質とするカルノーサイクルにおいて成り立つ式であるから，T_1 と T_2 は理想気体の状態方程式を満たす温度目盛による温度である．したがって，熱力学温度は理想気体温度計による温度と一致する．

3.5 クラウジウスの不等式

ここで，この章の初めに述べたように，第 2 法則を数式で表すことを考えよう．

式 (3.13) において Q_1', Q_2' の ' (ダッシュ) をとり，式 (3.14) と組み合わせると，サイクルの効率について一般的に成り立つ式

$$\eta = \frac{Q_1 - |Q_2|}{Q_1} \leqq \eta_C = \frac{T_1 - T_2}{T_1} \qquad (3.19)$$

が得られる．高温熱源から熱を吸収し低温熱源へ熱を放出する順サイクル（熱機関）に対しては，$Q_1 > 0$, $Q_2 < 0$ であることを考慮すると式 (3.19) から $\frac{Q_1 + Q_2}{Q_1} = 1 + \frac{Q_2}{Q_1} \leqq \frac{T_1 - T_2}{T_1} = 1 - \frac{T_2}{T_1}$ となる．これより $Q_1 > 0$, $T_2 > 0$ を考慮すると

$$\boxed{\frac{Q_1}{T_1} + \frac{Q_2}{T_2} \leqq 0} \qquad (3.20)$$

という関係が得られる．ここで，符号は，可逆サイクルのとき等号，不可逆サイクルのとき不等号である．式 (3.20) は，熱源が 2 つの場合に，第 2 法則を数式化したものと考えることができる．不等号が含まれているところに第 2 法則の特徴がある．それでは，多数の熱源がある場合でも，式 (3.20) のような式が成り立つであろうか．

n ($n \geqq 2$) 個の熱源 R_i ($i = 1, 2, \cdots, n$) (温度 T_i) がある場合を考える（図 3.4）．

C は任意のサイクルで温度 T_i の熱源 R_i よりそれぞれ熱 Q_i を吸収し，外部に W の仕事をするとする．第 1 法則より C の 1 サイクルについて

$$\sum_i Q_i + W = 0 \qquad (3.21)$$

である．ここで，各 Q_i と W は，それが正であれば C がエネルギーを吸収し，負であれば放出する．当然，正のものと負のものが含まれていることを注意しておく．

次に，n 個の可逆サイクル C_i ($i = 1, 2, \cdots, n$) を用意する．各 C_i は温度 T の熱源 R から熱 Q_i' を吸収し，R_i にちょうど熱 $-Q_i$ を放出するように調節され，外部に W_i の仕事をする．第 1 法則より，各 C_i の 1 サイクルについて

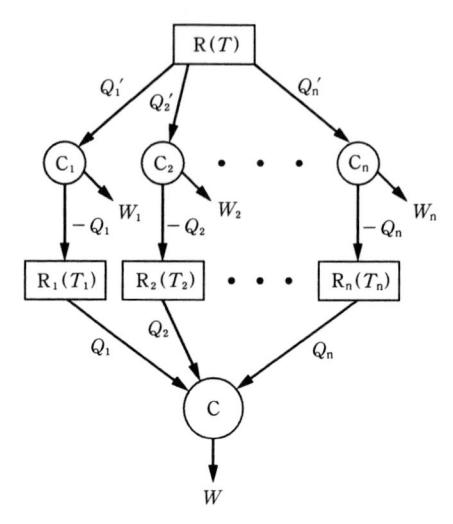

$$Q_i' - Q_i + W_i = 0 \quad (i=1, 2, \cdots, n) \tag{3.22}$$

である．また，可逆サイクルであるからそれぞれについて式 (3.20) の等号が成り立つ；

$$\frac{Q_i'}{T} + \frac{-Q_i}{T_i} = 0 \quad (i=1, 2, \cdots, n) \tag{3.23}$$

式 (3.21) と n 個の式 (3.22) の辺々を加えると

$$\sum_i Q_i' + W + \sum_i W_i = 0,$$

すなわち

$$\sum_i Q_i' = -(W + \sum_i W_i) \tag{3.24}$$

となる．

ここで，C と $\sum_i C_i$ を合わせたサイクルを考える．もし，$\sum_i Q_i' > 0$ であれば，式 (3.24) より $W + \sum_i W_i < 0$ となり，1つの熱源 R から吸収した熱 $\sum_i Q_i'$ をすべて外部に対する仕事 $W + \sum_i W_i$ に変えて，他に何らの変化も残していないことになるからトムソンの原理に反する．したがって

$$\sum_i Q_i' \leq 0 \tag{3.25}$$

でなければならない．

3.5 クラウジウスの不等式

次に，n 個の式 (3.23) を加えると

$$\frac{1}{T}\sum_i Q_i' - \sum_i \frac{Q_i}{T_i} = 0$$

すなわち

$$\sum_i \frac{Q_i}{T_i} = \frac{1}{T}\sum_i Q_i' \tag{3.26}$$

となるが，式 (3.25) を考慮すると

$$\sum_i \frac{Q_i}{T_i} \leqq 0 \tag{3.27}$$

という式が得られる．

式 (3.27) の等号は式 (3.25) が $\sum_i Q_i' = 0$ の場合に得られるのであるから，式 (3.24) より $W + \sum_i W_i = 0$ となる．この場合，1 サイクル後，熱源，外部ともにもとに戻るから，すべてのサイクルを逆に回してもとに戻すことができる．すなわち，C と $\sum_i C_i$ を合わせたサイクルは可逆サイクルである．ところが各 C_i は可逆サイクルであったのだから C も可逆サイクルである．

不等号の場合は $\sum_i Q_i' < 0$ であるから $W + \sum_i W_i > 0$ となり，外部からされた仕事をすべて熱として放出する．トムソンの原理によりこの逆は否定されているから，他に何らの変化を残さずにすべてをもとに戻すことはできない．すなわち，C と $\sum_i C_i$ を合わせたサイクルは不可逆サイクルである．各 C_i は可逆サイクルであったのだから C が不可逆サイクルである．

熱源 $R_1, R_2, \cdots, R_n$ を，温度が連続的に変化する熱源で置き換え，C はこの熱源と熱のやりとりをして 1 サイクルを終えるとする (図 3.5)．このとき，温度 T の微小部分から熱 δQ を吸収するとする．この場合は上の議論の極限と考えられるから，式 (3.27) の Q_i を δQ に，T_i を T に，そして和を積分に置き変えて

$$\oint \frac{\delta Q}{T} \leqq 0 \tag{3.28}$$

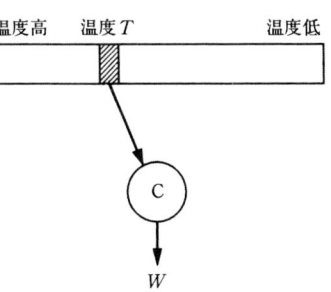

図 3.5 連続的に温度が変化する熱源

という式が得られる．ここで積分記号 $\oint$ は1サイクルについて積分することを表す．式 (3.27) と同じく等号は可逆サイクル，不等号は不可逆サイクルの場合である．式 (3.28) を**クラウジウスの不等式**といい，第2法則を数式化したものと考えられる．

例題 3.3 1つの系が温度一定の外界と接触しながら可逆サイクルを行うとき，1サイクルの間にする仕事は0であることをクラウジウスの不等式を用いて示せ．

[解答]
可逆サイクルに対するクラウジウスの不等式は $\oint \frac{\delta Q}{T} = 0$ であるが，温度が一定であるから $\frac{1}{T}\oint \delta Q = 0$ となる．したがって，1サイクルの間に出入りした熱量 $Q = \oint \delta Q$ が0である．1サイクルが終わった後には状態がもとに戻っているから内部エネルギーの変化 ΔU は0である．したがって，第1法則 $\Delta U = Q + W$ より $Q + W = 0$ であるから $W = 0$ となる．

第3章に関する問題

3.1 熱伝導は不可逆過程であることを示せ．
　【ヒント】もし可逆であればクラウジウスの原理に反することをいう．

3.2 2つの断熱曲線は交わらないことをトムソンの原理から示せ．
　【ヒント】2つの断熱曲線と1つの等温曲線からなるサイクルを考え，トムソンの原理に反することをいう．

3.3 ある可逆熱機関の効率が20%であったが，高温熱源の温度を40℃上げたら，効率が24%になった．高温熱源と低温熱源の最初の温度を求めよ．
　【ヒント】可逆サイクル（カルノーサイクル）の効率の式を用いる．

3.4 ある燃料油は1kgあたり8000kcalの熱を出す．また，これで火力発電をして電力に変えるときの変換効率は30%である．外気の温度が0℃のとき室温を25℃に保つような暖房をするとき，燃料油を直接燃やすのと，電力に変えて暖房機をはたらかせるのとどちらが効率的か．
　【ヒント】可逆サイクル（カルノーサイクル）の効率の式を用いる．

3.5 温度が527℃の高温熱源と127℃の低温熱源の間ではたらく熱機関が1.5kW

の出力を出す．高温熱源から吸収する熱量と，低温熱源へ放出する熱量の最低値を求めよ．

【ヒント】 熱機関の効率は可逆サイクル（カルノーサイクル）の効率を越えないことを用いる．

3.6 ある燃料油の発熱量は 1kg につき 8000 kcal である．エンジンの冷却器の温度が 100°C であるとき，この燃料油 1kg から得られる最大の仕事量はどれだけか．また，冷却器に流れてしまう熱量の最低値はどれだけか．ただし，燃料油が燃焼したときのエンジン内の温度は 500°C になるものとする．

【ヒント】 熱機関の効率は可逆サイクル（カルノーサイクル）の効率を越えないことを用いる．

3.7 30°C の部屋で冷凍機によって氷をつくる．1kg の氷をつくるのに必要な仕事の最低値を求めよ．ただし，氷の融解熱は 0°C で 80 cal/g である．

【ヒント】 第 1 法則と式 (3.27) を用いる．

第4章 エントロピー

エントロピーという新しい状態量を定義し，特徴的な性質であるエントロピー増大の法則を導く．ついで，いくつかの例についてエントロピーの計算を例示する．エントロピーを別の観点からみることによってよりよく理解するために，不可逆性とエントロピーを確率論的立場から解釈し，エントロピーと巨視的状態の起こる確率とを結びつける．また，エントロピーと不規則性について述べる．最後に，エントロピーと微視的状態について統計力学的に簡単にふれる．

4.1 エントロピーの定義

熱力学第1法則 (2.3) は状態量ではない熱 δQ と仕事 δW で表されている．ところが，仕事 δW は式 (2.4) のように状態量 p と V を用いて $\delta W = -pdV$ と表すことができた．同じく状態量ではない熱 δQ を状態量を用いて表すことができないであろうか．

仕事は，シリンダーの例（第2章-2.3(p.19)）から分かるように，圧力 p の差によって引き起こされるエネルギーの移動と考えることができる．これに対して熱は温度 T の差によって引き起こされるエネルギーの移動である．そうであれば式 (2.4) のように，熱 δQ を新しい状態量 X を用いて $\delta Q = TdX$ の形に書けないであろうか．

もしこのような X が存在すれば $dX = \dfrac{\delta Q}{T}$ となるが，この式の $\dfrac{\delta Q}{T}$ という量は式 (3.28) に含まれている．ところで，式 (3.28) の積分は可逆サイクルの場合

$$\oint \frac{\delta Q}{T} = 0 \tag{4.1}$$

4.1 エントロピーの定義

である．これは $\dfrac{\delta Q}{T}$ という量を p-V 面における閉曲線にそって一周積分すれば 0 になることを表している．ところで，いままでにこのようにある量を閉曲線にそって一周積分すれば 0 になるような積分がなかったであろうか．

それは力学における**保存力 F** についての積分

$$\oint \boldsymbol{F} d\boldsymbol{r} = 0 \tag{4.2}$$

である．式 (4.2) は保存力のする仕事 $\boldsymbol{F} d\boldsymbol{r}$ の積分は出発点と到着点だけで決まり，経路にはよらないということと同等である (付録 2 (p. 97) 参照)．このことから，基準となる点 O を決めて任意の点 P の**ポテンシャル**を

$$U(\mathrm{P}) = -\int_0^{\mathrm{P}} \boldsymbol{F} d\boldsymbol{r} \tag{4.3}$$

のように定義することができた．ポテンシャルは保存力の場において点 P を特徴づける物理量であり，点 P の座標だけの関数である．

積分 (4.1) と (4.2) は積分する平面も物理量も異なるが，閉曲線にそって一周積分すれば 0 になるという点で一致している．すなわち $\dfrac{\delta Q}{T}$ という量は，ある状態から他の状態へ可逆過程について積分すれば，経路によらず一定になるはずである．

図 4.1 の可逆サイクルについて式 (4.1) の積分は

$$\oint \frac{\delta Q}{T} = \int_{\mathrm{O(C)}}^{\mathrm{A}} \frac{\delta Q}{T} + \int_{\mathrm{A(C')}}^{\mathrm{O}} \frac{\delta Q}{T} = 0 \tag{4.4}$$

と 2 つの部分に分けることができる．ここに，$\int_{\mathrm{O(C)}}^{\mathrm{A}}$ は過程 O → C → A について積分することを表す．過程 A → C′ → O についての積分は，これを逆にたどる過程 O → C′ → A についての積分を考えると，熱の出入りが逆になることから

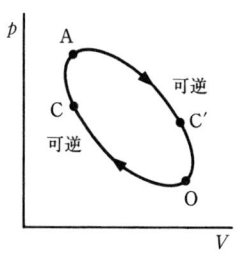

図 4.1 可逆過程

$$\int_{\mathrm{A(C')}}^{\mathrm{O}} \frac{\delta Q}{T} = -\int_{\mathrm{O(C')}}^{\mathrm{A}} \frac{\delta Q}{T} \tag{4.5}$$

の関係にある．したがって式 (4.4) より

$$\int_{\mathrm{O(C)}}^{\mathrm{A}} \frac{\delta Q}{T} = \int_{\mathrm{O(C')}}^{\mathrm{A}} \frac{\delta Q}{T} \tag{4.6}$$

となる．こうして，可逆過程において $\int_O^A \frac{\delta Q}{T}$ という積分は，はじめの状態Oと終わりの状態Aのみで決まり，途中の過程にはよらないことが分かった．したがって，Oを基準の状態にとると $\int_O^A \frac{\delta Q}{T}$ は状態Aのみで決まり，状態Aを特徴づける量，すなわち状態量である．

この状態量を，Oを基準の状態とする状態Aの**エントロピー** (entropy)[*] といい

$$S(A) = \int_O^A \frac{\delta Q}{T} \tag{4.7}$$

で定義する．定義からエントロピーは加算的であることが分かる．すなわちエントロピーは示量変数である．

エントロピーという新しい状態量を導入すると，熱を状態量で表すことができることが次のようにして分かる．

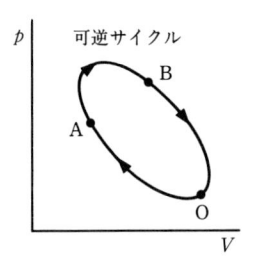

図 4.2 の可逆サイクルについて式 (4.1) の積分を考える．(4.5) を考慮し，エントロピーの定義 (4.7) を用いると

図 4.2 可逆サイクル

$$\oint \frac{\delta Q}{T} = \int_O^A \frac{\delta Q}{T} + \int_A^B \frac{\delta Q}{T} + \int_B^O \frac{\delta Q}{T}$$

$$= \int_O^A \frac{\delta Q}{T} + \int_A^B \frac{\delta Q}{T} - \int_O^B \frac{\delta Q}{T}$$

$$= S(A) + \int_A^B \frac{\delta Q}{T} - S(B) = 0$$

となる．これより2つの状態のエントロピーの差が

$$S(B) - S(A) = \int_A^B \frac{\delta Q}{T} \tag{4.8}$$

のように得られる．

AからBへの過程が微小過程の場合は，温度 T の熱源から熱 δQ を吸収したとし，$S(B) - S(A) = dS$ とすると

---

[*] エントロピーはギリシャ語の $\varepsilon\nu$ (内へ) と $\tau\rho o\pi\eta$ (移ること) からクラウジウスが考案したもので，一方へ進むことを意味している．

$$dS = \frac{\delta Q}{T} \tag{4.9}$$

となるから，可逆過程について

$$\delta Q = TdS \tag{4.10}$$

を得る．

こうして，最初期待した状態量 X はエントロピーであり，エントロピーを用いて熱 δQ を式 (4.10) のように状態量で表すことができた．

式 (4.10) を用いると，可逆過程について熱力学第 1 法則は

$$dU = TdS - pdV \tag{4.11}$$

と書くことができる．

4.2 エントロピー増大の法則

　以上のようにエントロピーという新しい状態量を定義したが，ここまででは単に熱を状態量で表すためのみに導入された量であり，果たして物理量として意味をもつ量なのかということは疑問であろう．あとで，エントロピーを確率論に基づいて解釈することによってその物理的意味を理解しようと試みるが，さしあたってはその意味はさしおいてエントロピーという量のもつ性質を調べよう．

　まず，状態 A から状態 B への過程が断熱可逆過程の場合は，つねに $\delta Q = 0$ であるから，式 (4.8) より

$$S(\mathrm{B}) - S(\mathrm{A}) = \int_{\mathrm{A}}^{\mathrm{B}} \frac{\delta Q}{T} = 0$$

となり

$$S(\mathrm{B}) = S(\mathrm{A}) \tag{4.12}$$

が得られる．A から B への過程が微小過程の場合は式 (4.9) より

$$dS = \frac{\delta Q}{T} = 0 \tag{4.13}$$

である．すなわち，

　　断熱可逆過程の場合エントロピーは変化しない

ということができる．

次に，状態 C から状態 D への不可逆過程と，状態 D から状態 C への可逆過程から成るサイクルを考える（図 4.3）．これは不可逆サイクルであるから式 (3.28) の不等号が成り立つので，エントロピーの定義を考慮すると

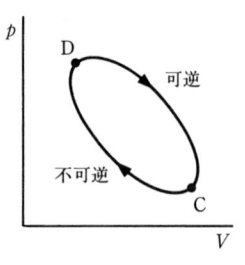

図 4.3 不可逆サイクル

$$\oint \frac{\delta Q}{T} = \int_{C(\text{不})}^{D} \frac{\delta Q}{T} + \int_{D(\text{可})}^{C} \frac{\delta Q}{T}$$

$$= \int_{C(\text{不})}^{D} \frac{\delta Q}{T} + \{S(C) - S(D)\} < 0$$

となるから

$$S(D) - S(C) > \int_{C(\text{不})}^{D} \frac{\delta Q}{T} \tag{4.14}$$

が得られる[*]．また，C から D への過程が微小過程の場合は

$$dS > \frac{\delta Q}{T} \tag{4.15}$$

である．

状態 C から状態 D への不可逆過程が断熱過程の場合はつねに $\delta Q = 0$ であるから，

$$S(D) - S(C) > \int_{C(\text{不})}^{D} \frac{\delta Q}{T} = 0$$

より

$$S(D) > S(C) \tag{4.16}$$

が得られ，C から D への過程が微小過程の場合は

$$dS > \frac{\delta Q}{T} = 0 \tag{4.17}$$

である．すなわち，

> 断熱不可逆過程の場合エントロピーは増加する[**]．

---

[*] これより不可逆過程ではエントロピーの計算ができないことが分かる．
[**] 断熱可逆過程で移り得る 2 つの状態は，エントロピーが等しいから，断熱不可逆過程では移り得ない．また C から D への不可逆過程が断熱過程であれば，エントロピーが増加するから，D から C への可逆過程は断熱過程ではない．

式 (4.9) と (4.15) をまとめると，

$$dS \geq \frac{\delta Q}{T} \tag{4.18}$$

となり，とくに孤立系（熱的に孤立した系）では熱の出入りがないので

$$dS \geq 0 \tag{4.19}$$

である．これは**エントロピー増大の法則**を表した式である．

以上により不可逆過程とエントロピーについて

> 不可逆過程はエントロピーが増加する過程であり，熱平衡状態は
> エントロピーが最大の状態である

ということができる．これを図表的に書くと図 4.4 のようになる．

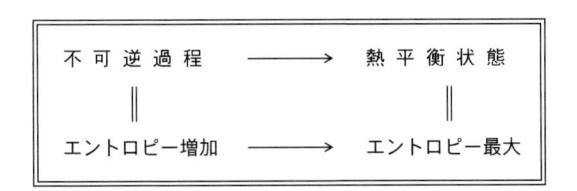

図 4.4 不可逆過程とエントロピー

4.3 エントロピーの計算

このようにして，孤立系の場合エントロピーは減少しないことが分かったので，次にいくつかの具体例についてエントロピーを計算してみよう．

理想気体のエントロピー

第1法則 (4.11) よりエントロピーは

$$dS = \frac{1}{T} dU + \frac{p}{T} dV \tag{4.20}$$

となる．理想気体の状態方程式 (1.8) より得られる $\frac{p}{T} = \frac{R}{V}$ と，定積比熱の定義 (2.13) より得られる $dU = c_V dT$ を式 (4.20) に代入すると

$$dS = \frac{c_V}{T} dT + \frac{R}{V} dV \tag{4.21}$$

となる．

エントロピーの絶対値は基準の状態を決めなければ求められないから，2つの状態のエントロピーの差を求めよう．

状態 A(T_A, V_A) と状態 B(T_B, V_B) のエントロピーの差は式 (4.21) を積分して得られる．上で述べた式 (4.6) から分かるように，エントロピーの積分は経路によらないから，積分しやすい経路を選ぶと（図 4.5）

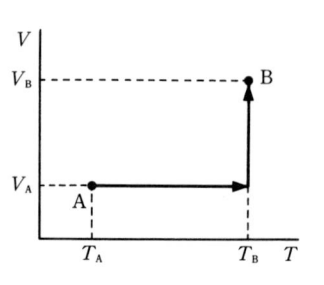

図 4.5 エントロピーの計算の積分経路

$$\int_A^B dS = \int_{(T_A, V_A)}^{(T_B, V_A)} dS + \int_{(T_B, V_A)}^{(T_B, V_B)} dS$$
$$= \int_{T_A}^{T_B} \frac{c_V}{T} dT + \int_{V_A}^{V_B} \frac{R}{V} dV$$
$$= c_V \log \frac{T_B}{T_A} + R \log \frac{V_B}{V_A}$$

となって

$$S(B) - S(A) = c_V \log \frac{T_B}{T_A} + R \log \frac{V_B}{V_A} \tag{4.22}$$

を得る．ここで c_V は温度によらず一定とした．

例題 4.1 理想気体が断熱自由膨張する場合のエントロピーの変化を求めよ．

[解答]

真空中への膨張であるから $\delta W = 0$ であり，断熱膨張であるから $\delta Q = 0$ である．したがって $dU = 0$ である．理想気体の内部エネルギー U は温度 T のみの関数であり，U が変化していないので $T_A = T_B$ である．したがって，式 (4.22) より

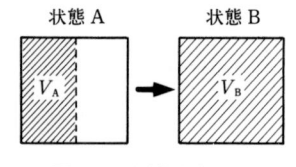

図 4.6 断熱自由膨張

$$S(B) - S(A) = R \log \frac{V_B}{V_A} > 0 \tag{4.23}$$

となり，不可逆過程でエントロピーが増加していることが確かめられる．

例題 4.2 固体や液体が温度 T_1 から T_2 に変化するときのエントロピーの変化

量を求めよ．ただし，比熱 c は一定とする．

[**解答**]

単位質量について $dS = \dfrac{\delta Q}{T} = \dfrac{cdT}{T}$ であるから

$$\Delta S = \int_{T_1}^{T_2} \frac{cdT}{T} = c\int_{T_1}^{T_2} \frac{dT}{T} = c\log\frac{T_2}{T_1}$$

となる．

カルノーサイクル

カルノーサイクルを T-S 面に描くと図 4.7 のようになる．

①の等温過程においては $Q_1 > 0$ であるから

$$S(\mathrm{B}) - S(\mathrm{A}) = \int_\mathrm{A}^\mathrm{B} \frac{\delta Q}{T} = \frac{1}{T_1}\int_\mathrm{A}^\mathrm{B} \delta Q = \frac{Q_1}{T_1} > 0. \tag{4.24}$$

②は断熱過程であるから

$$S(\mathrm{C}) - S(\mathrm{B}) = \int_\mathrm{B}^\mathrm{C} \frac{\delta Q}{T} = 0. \tag{4.25}$$

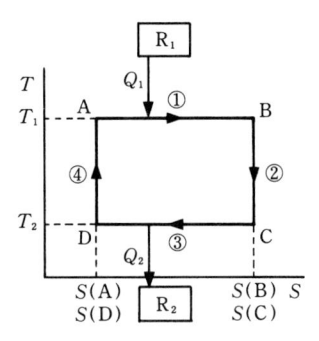

図 4.7 カルノーサイクルの T-S 図

このような過程を**等エントロピー過程** (isentropic process) という．

③の等温過程においては $Q_2 < 0$ であるから

$$S(\mathrm{D}) - S(\mathrm{C}) = \int_\mathrm{C}^\mathrm{D} \frac{\delta Q}{T} = \frac{1}{T_2}\int_\mathrm{C}^\mathrm{D} \delta Q = \frac{Q_2}{T_2} < 0. \tag{4.26}$$

④は断熱過程（等エントロピー過程）であるから

$$S(\mathrm{A}) - S(\mathrm{D}) = \int_\mathrm{D}^\mathrm{A} \frac{\delta Q}{T} = 0 \tag{4.27}$$

となる．

1 サイクルにおけるエントロピーの変化は $\dfrac{Q_1}{T_1} + \dfrac{Q_2}{T_2}$ であるが，式 (3.20) の可逆サイクルの場合（等号）より

$$\frac{Q_1}{T_1} + \frac{Q_2}{T_2} = 0 \tag{4.28}$$

であるから，1 サイクルについてエントロピーは変化していないことが分かる．

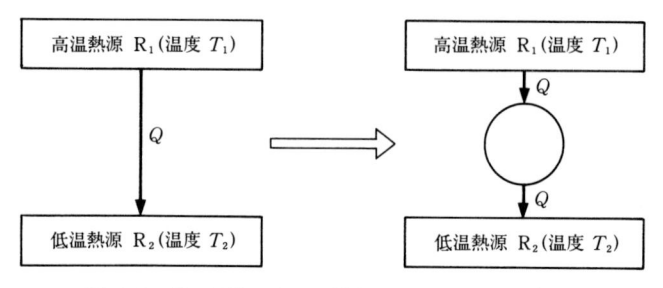

図 4.8 熱が自然に流れる場合のエントロピーの計算

熱の自然の流れ

高温熱源 R_1 (温度 T_1) から低温熱源 R_2 (温度 T_2) へ熱 Q が自然に流れる場合を考える．この場合は不可逆過程であるから可逆過程について定義されているエントロピーをこのままで計算することはできない．したがって，同じ結果を生じる可逆過程を用いて計算する．そのために，R_1 と R_2 の間に作業物質をはさんで，R_1 から熱 Q をとり，R_2 に熱 Q を与えるような可逆過程を考える (図 4.8)．実際には，たとえば図 4.9 のように，① 等温膨張をさせて R_1 から熱 Q を吸収し，② 断熱膨張をさせて，温度を T_1 から T_2 に下げ，③ 等温圧縮をして，R_2 へ熱 Q を放出させればよい．

①における R_1 のエントロピーの変化は，温度が一定であるから $-\dfrac{Q}{T_1}$，③における R_2 のエントロピーの変化は $+\dfrac{Q}{T_2}$ である．したがって R_1 と R_2 を合わせた系のエントロピーの変化は

$$Q\left(\frac{1}{T_2}-\frac{1}{T_1}\right)>0 \qquad (4.29)$$

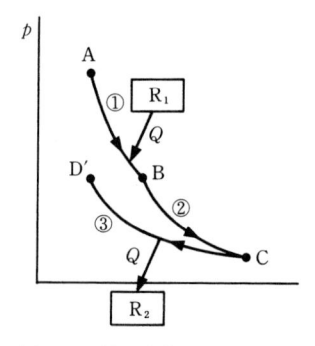

図 4.9 熱の自然の流れのエントロピー計算の過程

となりエントロピーが増加しており，不可逆過程であることが確かめられた．

4.4 不可逆性とエントロピーの確率論的意味

前節まででエントロピーという状態量を定義し，不可逆過程においてエントロピーが増加することを知り，いくつかの例についてエントロピーの計算を行った．しかし，これだけではエントロピーという量に対するイメージを描くこ

4.4 不可逆性とエントロピーの確率論的意味

とは難しいであろう．また，なぜ不可逆過程が起こるのかということもいまだに明確ではないであろう．そこで，簡単な分子論的モデルに確率論的手法を適用して，不可逆過程およびエントロピーを別の観点から理解することを試みよう．

不可逆過程と確率

容器に閉じ込められたおたがいに相互作用をしない N 個の分子からなる気体を考える．N 個の分子のうち N_1 個が容器の左半分にあり，残りの N_2 個が容器の右半分にある**確率**(probability) を計算しよう（図 4.10）．

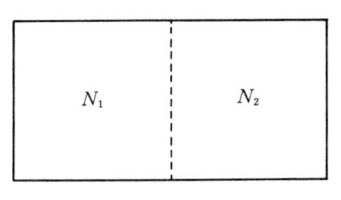

図 4.10 確率計算のモデル

ある 1 個の分子が左半分にある確率は $\frac{1}{2}$ である．N 個の分子を区別することができる場合，ある N_1 個が左半分，残りの N_2 個が右半分にある確率は，それぞれの分子がどちらにいるかは**独立事象**（付録 1 (p.96) 参照）であるから，それぞれの確率の積

$$\left(\frac{1}{2}\right)^{N_1}\left(1-\frac{1}{2}\right)^{N_2}=\left(\frac{1}{2}\right)^{N} \tag{4.30}$$

である．分子が区別できる場合，N_1 個が左半分，残りの N_2 個が右半分にある事象は**排反事象**（付録 1 (p.95) 参照）であり，その場合の数は

$$_NC_{N_1}=\frac{N!}{N_1!(N-N_1)!}=\frac{N!}{\left(\frac{N}{2}+n\right)!\left(\frac{N}{2}-n\right)!} \tag{4.31}$$

に等しい．ここで，分子の数を半分からのずれ n を用いて

$$\left.\begin{array}{l} N_1=\frac{1}{2}N+n \\ N_2=\frac{1}{2}N-n \end{array}\right\} \tag{4.32}$$

とおいた．しかし，実際には分子は区別することができないので，求めたい確率はこれらの排反事象の確率の和である．したがって，求める確率は式 (4.30) と (4.31) の積

$$W=\left(\frac{1}{2}\right)^N \frac{N!}{\left(\frac{N}{2}+n\right)!\left(\frac{N}{2}-n\right)!} \tag{4.33}$$

となる．

この式は複雑であるが，N が非常に大きいから，非常に大きい数の階乗について成り立つ**スターリングの公式**（Stirling）とよばれる近似式

$$N! \fallingdotseq \sqrt{2\pi} N^{N+\frac{1}{2}} e^{-N},$$

または

$$\log(N!) \fallingdotseq N\log N - N + \frac{1}{2}\log(2\pi N) \quad (N \gg 1) \tag{4.34}$$

を用いることができる．式 (4.33) の両辺の対数をとり多少長い計算と小さな項の適当な省略を行うと

$$W = \sqrt{\frac{2}{\pi N}} \exp\left(-\frac{2n^2}{N}\right) \tag{4.35}$$

という見やすい式が得られる．これは n を確率変数[*]とみたときに全確率が 1 になる式であるが，確率変数を $x = \pm \dfrac{n}{N}$ にとると

$$W = \sqrt{\frac{2N}{\pi}} \exp(-2Nx^2) \tag{4.36}$$

となる（参考参照）．

【参考】

1. $\displaystyle\int_0^\infty \exp(-a^2 x^2)\,dx = \dfrac{\sqrt{\pi}}{2a}$ （付録 1 (p. 91) 参照）より

   $\displaystyle\int_{-\infty}^\infty \exp\left(-\dfrac{2}{N}n^2\right)dn = \sqrt{\dfrac{\pi N}{2}}$

2. $\exp(-2Nx^2) = \dfrac{1}{2}$ となる x は，$x = \sqrt{\dfrac{\log 2}{2}}\dfrac{1}{\sqrt{N}}$ （半値幅という）．

3. $N \sim 10^{23}$ のとき，$x = \dfrac{1}{2}$ とすると，

   $W = \sqrt{\dfrac{2 \times 10^{23}}{\pi}} \exp\left(-2 \times 10^{23} \times \left(\dfrac{1}{2}\right)^2\right) \fallingdotseq 10^{-10^{23}}$

---

[*] 根元事象（付録 1 (p. 92)）に 1 つずつ与えられた値のこと．

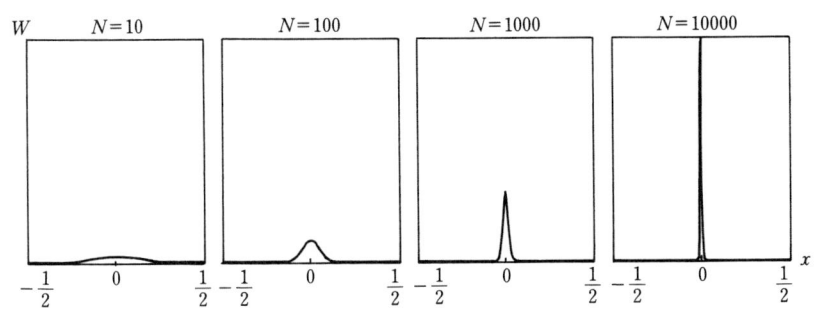

4.4 不可逆性とエントロピーの確率論的意味

図 4.11 いろいろな N についての確率のグラフ

図 4.11 に，いろいろな N について式 (4.36) のグラフを描いた．これを見ると，$x=0$，すなわち，$N_1=N_2=\dfrac{N}{2}$ の状態の起こる確率が最も高いことが分かる．また，N が大きくなるにつれてグラフの幅が狭くなっていき，$N_1=N_2=\dfrac{N}{2}$ 以外の状態の起こる確率はきわめて小さくなり，$N\sim 10^{23}$ のような大きい N については事実上 0 になることが分かる（参考参照）．

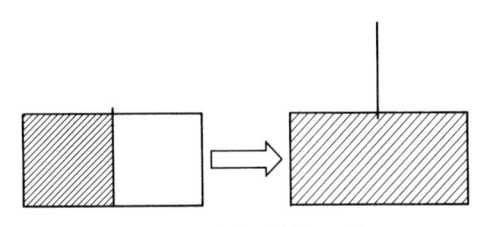

図 4.12 気体の拡散と確率

次に，不可逆過程の例である気体の拡散について，確率の立場から考察してみよう（図 4.12）．

最初，中央に間仕切をもった容器の左半分に気体を入れる．次に，間仕切をはずすと気体は右半分に流れ込み，最後に気体は容器全体に一様に広がって平衡状態に達する．いったん平衡状態に達すると再び気体が左半分に集まってくるようなことは自然には決して起こらない．これが観測される事実である．

この現象を確率論的に解釈する．間仕切をはずした直後は気体は左半分にあるが，この状態の起こる確率はきわめて低い．したがって，確率の高い状態に移っていき最後に平衡状態に達する．一様になった平衡状態は $N_1=N_2=\dfrac{N}{2}$ であり，確率が最も高い．いったんこの状態になると，これからずれた状態（N_1

≠N_2)が起こる確率はきわめて小さく,事実上 0 なので起こらない[*].

以上により不可逆過程と確率について

> 不可逆過程は起こる確率の低い状態から高い状態への変化であ
> り,熱平衡状態は起こる確率の最も高い状態である

ということができる.これをエントロピーの場合と同じように図表的に書くと図 4.13 のようになる.

```
不 可 逆 過 程   ――→   熱 平 衡 状 態
    ‖                      ‖
起こる確率の低い状態  ――→  起こる確率最大
から高い状態への変化
```

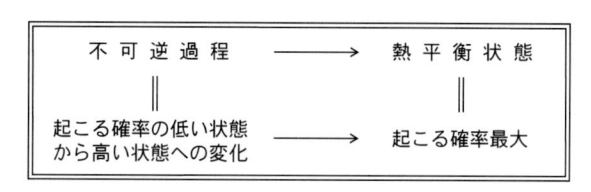

図 4.13　不可逆過程と確率

エントロピーと確率

図 4.13 と図 4.4 を参照して,不可逆過程と確率の関係と不可逆過程とエントロピーの関係を比べると

> エントロピーが大きい状態は起こる確率が高く,エントロピーの
> 小さい状態は起こる確率が低い

ということができる.このようにエントロピーは状態の起こる確率と関係があることが分かったので,エントロピーと確率を結び付ける関係式を導こう.

そのために理想気体の断熱自由膨張を考える.図 4.14 のように,最初理想気

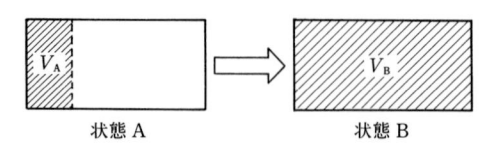

```
[ $V_A$ ]   ⇒   [ $V_B$ ]
 状態 A          状態 B
```

図 4.14　断熱自由膨張の場合のエントロピーと確率

---

[*] 実際にはきわめて小さいズレが起こっており,これを**ゆらぎ**(fluctuation)という.

4.4 不可逆性とエントロピーの確率論的意味

体が体積 V_A の領域に閉じ込められており（状態 A），次に体積 V_B に自由膨張した（状態 B）とする．このときのエントロピーの変化は式 (4.23) より

$$S(B) - S(A) = R \log \frac{V_B}{V_A} > 0 \tag{4.37}$$

である．一方，C を定数として，状態 A の起こる確率は $W_A = C\left(\frac{V_A}{V_B}\right)^N$ で，状態 B の起こる確率は $W_B = C\left(\frac{V_B}{V_B}\right)^N$ であるから，両者の比をとると

$$\frac{W_B}{W_A} = \left(\frac{V_B}{V_A}\right)^N \tag{4.38}$$

となる．式 (4.37) と (4.38) を比較すると一方は差（引き算）で，他方は商（割り算）である．したがって，この 2 つを結びつけるには対数を用いればよいことが分かる．そこで式 (4.38) の両辺の対数をとると

$$\log\left(\frac{W_B}{W_A}\right) = \log\left(\frac{V_B}{V_A}\right)^N$$

すなわち

$$\log W_B - \log W_A = N \log \frac{V_B}{V_A} \tag{4.39}$$

を得る．式 (4.37) と (4.39) から $\log \frac{V_B}{V_A}$ を消去すると

$$S(B) - S(A) = \frac{R}{N}(\log W_B - \log W_A)$$

となる．これより

$$S = \frac{R}{N} \log W$$

とおけばよいことが分かる．ここで

$$k = \frac{R}{N} \tag{4.40}$$

とおくと

$$S = k \log W \tag{4.41}$$

となる[*]．N がアヴォガドロ数（$N = 6.02 \times 10^{23} \mathrm{mol}^{-1}$）のとき k をボルツマン定数（$k = 1.38 \times 10^{-23} \mathrm{J \cdot K^{-1}}$）といい，分子 1 個あたりの気体定数ということが

---

[*] この式はこれを提唱したボルツマンの墓石に刻まれているそうである．

できる．これでエントロピーと確率を結びつける関係式が求められたのであるが，確率を用いたこの式のままではエントロピーが負となるので，次節(p.59)で修正する．

エントロピーと不規則性

エントロピーをさらに理解するために別の観点から考えておこう．

先の例で，分子が容器の左半分あるいは右半分にいる状態は起こる確率が低く，分子が容器全体に一様にいる状態は起こる確率が高かった．これは，場合の数が，前者は1で，後者は非常に多いからである．場合の数が1の状態は，分子の位置がどちらかに決められているという意味で，規則性（秩序）があるということができる．一方，場合の数の多い状態は，分子がどちらにいるか決められていないという意味で規則性（秩序）がないということができる．すなわち，エントロピーが小さい状態はその状態の起こる確率が低いのであるから規則性があり，エントロピーが大きい状態は確率が高いから規則性がないということになる．したがって，

【参考】
1. たとえ話
  　教室で授業が行われているとき学生諸君は席についている．この状態は規則性があるから，いわばエントロピーは小さいといえる．授業が終わった後は学生諸君は三々五々散らばっていく．この状態は規則性がないからエントロピーは大きいといえる．これはエントロピー増大の法則に合致している？
2. 情報理論におけるエントロピーは

$$S = -\frac{\sum_{i=1}^{n} p_i \log_2 p_i}{\sum_{i=1}^{n} p_i}$$

で定義される．ここに，p_i は n 個の事象からなる情報源の中のある事象 i の起こる確率である．すべての事象が等確率で起こるとき，情報は最も不確かでエントロピーは最大値 $\log_2 n$ をとる．

エントロピーは不規則性（irregularity）（無秩序性（disorder））の
度合いを表す量である

ということができる．

4.5 エントロピーと微視的状態

　エントロピーの正しい定義をするために，少し統計力学に立ち入る．N 個の相互作用のない同種の単原子分子からなる気体の微視的状態を考える．ただし，ここでは古典論に話を限る．

　気体の微視的状態とは，この分子はこの位置にいてこの運動量をもっているというふうに，個々の構成分子について位置と運動量を指定した状態である．分子の位置は $3N$ 個の位置座標 $(x_1, y_1, z_1, x_2, y_2, z_2, \cdots, x_N, y_N, z_N)$ で指定し，分子の運動は $3N$ 個の運動量 $(p_{1x}, p_{1y}, p_{1z}, p_{2x}, p_{2y}, p_{2z}, \cdots, p_{Nx}, p_{Ny}, p_{Nz})$ で指定する．すると，1つの微視的状態は $6N$ 個の変数

$$(x_1, y_1, z_1, \cdots, x_N, y_N, z_N, p_{1x}, p_{1y}, p_{1z}, \cdots, p_{Nx}, p_{Ny}, p_{Nz}) \quad (4.42)$$

で指定することができる．

　この $6N$ 個の変数を座標とする $6N$ 次元の空間を**位相空間**（phase space）という．位相空間においては，位相空間の1つの点に1つの微視的状態が対応している．位相空間の点を系の代表点という．

　ここで，**等重率の原理**（principle of equal apriori probabilities）という仮定を導入する．これは，

　　すべての微視的状態は等しい確率で実現する

というものである．さらに，ボルツマンに従って，

　　どのような初期条件から出発しても，代表点は許されるすべての
　　位相空間の点（対応する微視的状態）を通過する

という仮定を設ける．これを**エルゴード仮説**（ergodic hypothesis）という．ここでいう初期条件とは，エネルギー E，分子数 N など，系の巨視的状態を決めることである．この仮定により，物理量 A の観測値は A の時間平均であり，こ

れは位相空間にわたる平均，すなわち，A の位相平均に等しいことになる．

一方，巨視的状態と微視的状態は次のように結び付けることができる．エネルギー E，分子数 N などによって巨視的状態を指定すると，それに対応する微視的状態が決まる．実現される巨視的状態は最も確率の高い状態である．ところが等重率の原理から，最も確率の高い状態は最も微視的状態の数の多い巨視的状態である．つまり，最も微視的状態の数の多い巨視的状態が実現されるのである．

以上によってエントロピーを定義し直すことができる．前節ではエントロピーを状態の起こる確率の対数で定義した (式 (4.41))．しかし，確率は 1 より小さいのでこれではエントロピーは負になってしまう．ところが，状態の起こる確率は微視的状態の数に比例するのであるから[*]，エントロピーを微視的状態の数で定義することができる．すなわち，エネルギー E，分子数 N などを指定した巨視的状態に対応する微視的状態の数を $W(E, N, \text{etc.})$ として，その巨視的状態のエントロピーを

$$S(E, N, \text{etc.}) = k \log W(E, N, \text{etc.}) \tag{4.43}$$

で定義する．これでエントロピーを正の数とすることができた．

なお，絶対 0 度においては，分子は静止していて位置は決まっているから[**]，微視的状態の数は 1 である．したがって，エントロピーは 0 となる．これを**熱力学第 3 法則**という．

第 4 章に関する問題

4.1 同一物質からなる質量の等しい 2 つの物体の温度がそれぞれ T_1 と T_2 ($T_1 > T_2$) であった．2 つの物体を接触させて等しい温度にする過程におけるエントロピーの変化を求め，この過程が不可逆過程であることを示せ．ただし，物体の熱容量を c とし，この温度の範囲では一定とする．

【ヒント】 最後の温度を求め，例題 4.2 の結果を用いる．

4.2 熱容量が C_1 と C_2 の 2 種類の液体 1 と 2 の温度がそれぞれ T_1, T_2 であった．こ

---

[*] 等重率の原理が成り立たない場合は，エントロピー増大の法則は成り立たない．
[**] 古典的な場合である．

れらを混合させたときのエントロピーの変化を求め，この過程が不可逆過程であることを示せ．

【ヒント】 最後の温度を求め，例題 4.2 の結果を用いる．

4.3 理想気体の温度を上げるとき，圧力一定で行う場合のエントロピーの増加は体積一定で行う場合の γ 倍であることを示せ．

【ヒント】 式 (2.16) と問題 2.8 の結果を用いる．

4.4 1気圧のもとで次の変化が起こる場合のエントロピーの変化を求めよ．

（a） 0°C の氷 1 kg が 0°C の水になる．

（b） 0°C の水 1 kg が 100°C の水になる．

（c） 100°C の水 1 kg が 100°C の水蒸気になる．

ただし，水の融解熱と気化熱はそれぞれ 80, 540 kcal/kg である．

【ヒント】 (a)と(c)は温度一定である．(b)は例題 4.2 の結果を用いる．

4.5 空気 1 kg が温度 100°C, 体積 1 m³ の状態から，0°C, 0.5 m³ の状態に変化するときのエントロピーの変化を求めよ．ただし，空気の定積比熱を $c_V = 0.72 \, \text{J} \cdot \text{g}^{-1} \cdot \text{K}^{-1}$, 分子量を $M = 29$ とする．また，気体定数は $R = 8.31 \, \text{J} \cdot \text{mol}^{-1} \cdot \text{K}^{-1}$ である．

【ヒント】 空気を理想気体と見なして理想気体に対するエントロピーの式 (4.22)（これは 1 モルについての式である）を用いる．

第5章　熱力学関数

この章では熱力学の解析化を行う．適当な状態量を独立変数とするいくつかの熱力学関数を定義し，それらの物理量としての意味を調べる．熱力学的な量をこれら熱力学関数の偏導関数として導き，それらの相互の関係としての熱力学関係式を導く．熱力学関数は熱平衡や相平衡の議論に用いられるが，このことを調べるとともにこれらを用いた有用な結果を導く．

5.1　熱力学関数の定義

いままでに状態量として，エントロピー S，温度 T，体積 V，圧力 p，内部エネルギー U が出てきたが，これらは状態方程式によって関係づけられるから独立なものは2つだけである．この2つの独立変数を選ぶときには特定の組を使用するのが便利である．それらを**自然な独立変数**という．普通，熱的な量 S，T と力学的な量 V，p のうちから1つずつ選ばれる．これらによって表される状態量を**熱力学関数**といい，これらは示量変数である．すぐ次に述べるように，内部エネルギー U は S，V を独立変数とする熱力学関数である．熱力学関数はそれに対する独立変数について全微分可能である．すなわち，独立変数 x と y の関数 $f(x,y)$ の全微分は

$$df = \frac{\partial f}{\partial x}dx + \frac{\partial f}{\partial y}dy \tag{5.1}$$

であるが（付録1参照 (p.90)），熱力学関数は独立変数を用いて式 (5.1) の形に書くことができる．系に関するその他の熱力学的な量は熱力学関数の偏導関数（付録1参照 (p.90)）として導かれ，これらの間にはいわゆる**熱力学関係式**とよばれる相互の関係がある．このように熱力学的な量を関係づけることは熱力学の解析化ということができる．ただし，熱力学関数の具体的な形は経験的

5.1 熱力学関数の定義

に決められるか,または統計力学によって求められるもので,熱力学はそれらの間の関係を与えるだけである.

内部エネルギー

可逆過程に対する第1法則 (4.11) は

$$dU = TdS - pdV \tag{5.2}$$

であるから,U は S, V によって全微分の形に表されている.したがって,U は S, V を独立変数とした熱力学関数である.

U の全微分の式は

$$dU = \left(\frac{\partial U}{\partial S}\right)_V dS + \left(\frac{\partial U}{\partial V}\right)_S dV \tag{5.3}$$

と表されるから,式 (5.2) と (5.3) より

$$\left.\begin{array}{l} T = \left(\dfrac{\partial U}{\partial S}\right)_V \\[2mm] p = -\left(\dfrac{\partial U}{\partial V}\right)_S \end{array}\right\} \tag{5.4}$$

の関係が得られる.ここで,添字は一方の独立変数で,それを一定にした偏導関数であることを示す.

エンタルピー

内部エネルギーは S, V を独立変数とする関数であったが,この独立変数のうちの1つを別の変数に変えてみよう.まず,V を p に変える.そのために $d(pV) = pdV + Vdp$ を用いる.これより $pdV = d(pV) - Vdp$ となるから,これを式 (5.2) に代入すると $dU = TdS - d(pV) + Vdp$ となり

$$d(U + pV) = TdS + Vdp$$

が得られる.これより $U + pV$ は S, p を独立変数とする関数であることが分かるから,これを新しい関数として定義する.すなわち

$$H = U + pV \tag{5.5}$$

という関数 H を定義し,**エンタルピー** (enthalpy) とよぶ.H の全微分は

$$dH = TdS + Vdp \tag{5.6}$$

であるから，式 (5.3) のような全微分の式より

$$T = \left(\frac{\partial H}{\partial S}\right)_p \\ V = \left(\frac{\partial H}{\partial p}\right)_S \Biggr\} \tag{5.7}$$

の関係が得られる．

ヘルムホルツの自由エネルギー

次に，独立変数を T と V にしてみよう．$d(TS) = TdS + SdT$ より $TdS = d(TS) - SdT$ となるから，これを式 (5.2) に代入すると $dU = d(TS) - SdT - pdV$ より

$$d(U - TS) = -SdT - pdV$$

となる．これより $U - TS$ は T, V を独立変数とする関数であることが分かるから，

$$F = U - TS \tag{5.8}$$

という関数 F を定義し，**ヘルムホルツの自由エネルギー** (Helmholtz free energy) とよぶ．F の全微分は

$$dF = -SdT - pdV \tag{5.9}$$

であるから，式 (5.3) のような全微分の式より

$$S = -\left(\frac{\partial F}{\partial T}\right)_V \\ p = -\left(\frac{\partial F}{\partial V}\right)_T \Biggr\} \tag{5.10}$$

の関係が得られる．

ギブスの自由エネルギー

最後に，独立変数を T と p とする関数を求める．$pdV = d(pV) - Vdp$ と $TdS = d(TS) - SdT$ を式 (5.2) に代入することにより

$$d(U - TS + pV) = -SdT + Vdp$$

が得られる．これより $U - TS + pV$ は T, p を独立変数とする関数であること

が分かるから，

$$G = U - TS + pV = F + pV \tag{5.11}$$

という関数 G を定義し，**ギブスの自由エネルギー** (Gibbs free energy) とよぶ．G の全微分は

$$dG = -SdT + Vdp \tag{5.12}$$

となるから，式 (5.3) のような全微分の式より

$$\left. \begin{array}{l} S = -\left(\dfrac{\partial G}{\partial T}\right)_p \\[2mm] V = \left(\dfrac{\partial G}{\partial p}\right)_T \end{array} \right\} \tag{5.13}$$

の関係が得られる．

5.2 ルジャンドル変換

式 (5.5), (5.8), (5.11) のように独立変数を変える変換を**ルジャンドル変換** (Legendre transformation) という[*]．

一般に，自然な独立変数を $x, y, z, \cdots$ とする熱力学関数を L とし，$X, Y, Z, \cdots$ を $x, y, z, \cdots$ の関数として，L の全微分を

$$dL = Xdx + Ydy + Zdz + \cdots \tag{5.14}$$

と書くことができるものとする．このとき，次のルジャンドル変換

$$\bar{L} = L - Xx \tag{5.15}$$

を行って，関数 L を $\bar{L}$ に変換すると

$$d(Xx) = Xdx + xdX \tag{5.16}$$

を用いて $\bar{L}$ の全微分は

$$d\bar{L} = -xdX + Ydy + Zdz + \cdots \tag{5.17}$$

となる．すなわち，ルジャンドル変換によって，独立変数が $x, y, z, \cdots$ から $X, y, z, \cdots$ に変換される．

---

[*] 力学においてルジャンドル変換はラグランジュ形式からハミルトン形式に移るときに用いられる．

5.3 熱力学関数の意味

エンタルピー $H = U + pV$

エンタルピーは等圧過程を扱うときに用いられる．式 (5.5) の微分をとると

$$dH = dU + pdV + Vdp$$

となるが，等圧過程 $dp = 0$ であるから $dH = dU + pdV$ となり，第1法則 $dU = \delta Q - pdV$（式 (2.5)）を用いると

$$dH = dU + pdV = \delta Q \qquad (5.18)$$

となる．すなわち，

  エンタルピーは等圧過程において出入りした熱量である

ということができる．

第2章-2.4 の細孔栓の実験（p.22）では式 (2.8) より

$$U(T_B, V_B) + p_B V_B = U(T_A, V_A) + p_A V_A$$

であるから，この実験はエンタルピー一定の過程である．

ヘルムホルツの自由エネルギー $F = U - TS$

ヘルムホルツの自由エネルギーは等温過程において用いられる．式 (5.8) の微分をとって

$$dF = dU - TdS - SdT$$

となるが，等温過程 $dT = 0$ であるから $dF = dU - TdS$ となる．これに式 (4.18) より得られる $TdS \geqq \delta Q$ を考慮すると $dF = dU - TdS \leqq dU - \delta Q$ となり，第1法則 $dU = \delta Q + \delta W$（式 (2.3)）より

$$dF = dU - TdS \leqq dU - \delta Q = \delta W$$

となる．すなわち

$$dF \leqq \delta W \qquad (5.19)$$

であるから

  ヘルムホルツの自由エネルギーの増加量は等温過程において外部
  からなされる仕事より大きくはならない

ということができる．

式 (5.19) を書きかえると
$$-\delta W \leq -dF \tag{5.20}$$
となるが，$-\delta W$ は系が外部に対して行う仕事であり $-dF$ はヘルムホルツの自由エネルギーの減少量であるから，

> ヘルムホルツの自由エネルギーの減少量は等温過程において外部に対する仕事に変換できるエネルギーの最大値である

ということができる．等号は可逆過程の場合で，このとき可能な最大の仕事がなされる．すなわち，ヘルムホルツの自由エネルギーは等温可逆過程においてその物質を通して自由に仕事に変えることができるエネルギーであるといえる．

ギブスの自由エネルギー　$G = U - TS + pV$

等温等圧過程におけるギブスの自由エネルギーの変化は，式 (5.11) の微分をとって，
$$dG = dU - TdS - SdT + pdV + Vdp$$
であるが，等温等圧過程 $dT=0$, $dp=0$ であるから $dG = dU - TdS + pdV$ である．$TdS \geq \delta Q$ を考慮し第1法則 (2.5) を代入すると
$$dG = dU - TdS + pdV \leq dU - \delta Q + pdV = 0,$$
すなわち，
$$dG \leq 0 \tag{5.21}$$
となる．これは

> ギブスの自由エネルギーは等温等圧過程において増加しない

ことを表している．ここで，等号は可逆過程の場合，不等号は不可逆過程の場合である．これより，

> 等温等圧系はギブスの自由エネルギーが極小の場合安定な平衡である

ということができ，このことによって，系の相平衡等を調べることができる*)．

5.4 熱力学関係式

熱力学関数より状態量の間の関係式が導かれる．U は独立変数 S, V の関数であるから

$$\frac{\partial}{\partial V}\left(\frac{\partial U}{\partial S}\right)=\frac{\partial}{\partial S}\left(\frac{\partial U}{\partial V}\right)$$

である．したがって式 (5.4) より

$$\left(\frac{\partial T}{\partial V}\right)_S=-\left(\frac{\partial p}{\partial S}\right)_V \tag{5.22}$$

となる．同様に式 (5.7), (5.10), (5.13) より

$$\left(\frac{\partial T}{\partial p}\right)_S=\left(\frac{\partial V}{\partial S}\right)_p \tag{5.23}$$

$$\left(\frac{\partial p}{\partial T}\right)_V=\left(\frac{\partial S}{\partial V}\right)_T \tag{5.24}$$

$$\left(\frac{\partial V}{\partial T}\right)_p=-\left(\frac{\partial S}{\partial p}\right)_T \tag{5.25}$$

が導かれる．式 (5.22)～(5.25) を**マクスウェルの関係式**という**)．

例題 5.1 理想気体，すなわち，状態方程式 $pV=RT$ を満たす気体の内部エネルギーは体積によらないことを示せ．

［解答］
第1法則 $dU=TdS-pdV$ より $\left(\frac{\partial U}{\partial V}\right)_T=T\left(\frac{\partial S}{\partial V}\right)_T-p$ である．ここで，マクスウェルの関係式 $\left(\frac{\partial S}{\partial V}\right)_T=\left(\frac{\partial p}{\partial T}\right)_V$ を用いると $\left(\frac{\partial U}{\partial V}\right)_T=T\left(\frac{\partial p}{\partial T}\right)_V-p$ となる．状態方程式 $pV=RT$ より $\left(\frac{\partial p}{\partial T}\right)_V=\frac{R}{V}$ であるから $\left(\frac{\partial U}{\partial V}\right)_T=T\frac{R}{V}-p=0$ となり，内部エネルギーは体積によらない．

---

*) 化学変化などで分子数が変化する場合，μ を化学ポテンシャル，N を分子数とすると，$dU=TdS-pdV+\mu dN$ である．したがって，等温等圧過程では $dG=\mu dN$ となる．また，相転移は等温等圧下で起こることを想定しているから，ギブスの自由エネルギーを調べることにより，相転移における安定相を見つけることができる．

**) これらはすべてが独立なものではない．

5.5 熱平衡

熱力学過程における変化の向きはすべて

$$dS \geqq \frac{\delta Q}{T} = \frac{dU - \delta W}{T} \tag{5.26}$$

となる向きである(式 (4.18))．等号は可逆過程の場合であるが，現実の変化はすべて不可逆なので不等号が成り立つ．

熱的にも力学的にも孤立した系においては

$$\delta Q = 0, \quad \delta W = 0$$

であるから

$$dS \geqq 0 \tag{5.27}$$

であり，エントロピーは減少しない．熱平衡状態では系の仮想的微小変化に対するエントロピーの変化に対して $\varDelta S = 0$ となる．したがって，式 (5.26) と合わせて，

エントロピーが極大のとき系は安定な平衡である

ということができる．

$\varDelta S = 0$ の意味は次のようにして理解することができる．

自然の変化は式 (5.26) に従って起こるのであるが，いま仮想的にある熱力学的状態から近接した他の状態に変化させたとする．両方の状態のエントロピーと内部エネルギーの差をそれぞれ $\varDelta S$, $\varDelta U$, 状態間を移るときに外部からなされる仕事を $\delta' W$ とすると

$$\varDelta S \leqq \frac{\varDelta U - \delta' W}{T} \tag{5.28}$$

であれば，そのような変化は自然には起こらない．また，これと全く逆の仮想的変化を考えると，両方の状態のエントロピーと内部エネルギーの差はそれぞれ $-\varDelta S$, $-\varDelta U$, 状態間を移るとき外部からなされる仕事は $-\delta' W$ となるから

$$-\varDelta S \leqq \frac{(-\varDelta U) - (-\delta' W)}{T} \tag{5.29}$$

であれば，そのような変化は自然には起こらない．式 (5.28) と (5.29) が同時に成り立つような状態ではどちらの向きにも変化は起こらない．すなわち，平衡状態である．

したがって，仮想的微小変化に対して

$$\Delta S = \frac{\Delta U - \delta' W}{T} \tag{5.30}$$

であるから，孤立系に対しては $\Delta U = 0$，$\delta' W = 0$ を代入して $\Delta S = 0$ となる．

断熱系においては

$$\delta Q = 0, \quad dU = \delta W$$

であるから，

$$dS \geq 0$$

となり，やはりエントロピーは減少しない．

等温系においては式 (5.19) より

$$dF \leq dU - \delta Q = \delta W$$

が成り立つ．外部からの仕事がない化学変化のような場合は $\delta W = 0$ であるから，

$$dF \leq 0 \tag{5.31}$$

となり，ヘルムホルツの自由エネルギーは増加しない．これも仮想的微小変化 $\Delta F = 0$ と合わせて，

> 等温等積系の場合，安定な熱平衡状態はヘルムホルツの自由エネルギーが極小となる状態である

ということができる．

等温等圧系においては式 (5.21) より

$$dG \leq 0 \tag{5.32}$$

であるから，仮想的微小変化 $\Delta G = 0$ と合わせて，

> 等温等圧系の場合，安定な熱平衡状態はギブスの自由エネルギーが極小となる状態である

ということができる．

5.6 相平衡

相平衡の条件

第1章-1.5(p.13)で述べた気体の圧縮のように，2つの相が共存して平衡になる**相平衡**の条件を調べよう．n モルの系のギブスの自由エネルギーを

$$G = ng \tag{5.33}$$

とする．ここに，g は1モルあたりのギブスの自由エネルギーである．これより

$$dG = ndg + gdn \tag{5.34}$$

となる．g は T, p の関数であるから，式 (5.12) より

$$dg = -sdT + vdp \tag{5.35}$$

である．ここに，s は1モルあたりのエントロピー，v は1モルの体積である．

式 (5.35) を (5.34) に代入すると

$$\begin{aligned}dG &= n(-sdT + vdp) + gdn \\ &= -SdT + Vdp + gdn \end{aligned} \tag{5.36}$$

となり，G は T, p, n の関数である．ここに S と V はこの系全体のエントロピーと体積である．また，g と G には

$$g = \left(\frac{\partial G}{\partial n}\right)_{T,p} \tag{5.37}$$

の関係がある．

2つの相1と2の平衡を考える．それぞれ，モル数を n_1 と n_2，ギブスの自由エネルギーを G_1 と G_2，1モルあたりのギブスの自由エネルギーを g_1 と g_2，体積を V_1 と V_2，エントロピーを S_1 と S_2 する．また，全体について，モル数を n，ギブスの自由エネルギーを G，1モルあたりのギブスの自由エネルギーを g，体積を V，エントロピーを S とする．ギブスの自由エネルギーは式 (5.36) を用いて

$$\begin{aligned}dG &= d(G_1 + G_2) \\ &= -(S_1 + S_2)dT + (V_1 + V_2)dp + g_1 dn_1 + g_2 dn_2 \\ &= -SdT + Vdp + g_1 dn_1 + g_2 dn_2 \end{aligned} \tag{5.38}$$

となる．2つの相の温度が等しくなったときに相平衡が成り立つのであり，また両相の圧力も等しくなければ力学的平衡が成り立たないから，$dT = 0$ かつ $dp = 0$ の場合を考える．すなわち

を考えればよい．等温等圧のもとでの平衡条件は式 (5.21) より

$$dG = g_1 dn_1 + g_2 dn_2 \tag{5.39}$$

$$dG = 0 \tag{5.40}$$

であり，全体のモル数は変わらないから

$$dn = d(n_1 + n_2) = 0 \tag{5.41}$$

である．式 (5.39)，(5.40)，(5.41) より

$$g_1 = g_2 \tag{5.42}$$

となる．すなわち，2相が共存して平衡状態にあるときは両相の1モルあたりのギブスの自由エネルギーが等しい．

クラペイロン–クラウジウスの式

2つの相が平衡状態にあるときに成り立つ**クラペイロン–クラウジウスの式** (Clapeyron–Clausius equation) とよばれる式を導こう．

図 5.1 のような p-T 図において，相1と相2の2つの相が共存して平衡にある状態を連ねた線上に，近接した2つの状態 $A(T, p)$ と $B(T+dT, p+dp)$ を考える．2相が平衡にある条件式 (5.42) よりそれぞれの状態に対して

$$\left. \begin{array}{l} g_1(T, p) = g_2(T, p) \\ g_1(T+dT, p+dp) = g_2(T+dT, p+dp) \end{array} \right\} \tag{5.43}$$

が成り立つ．式 (5.43) の辺々を差し引くと

$$g_1(T+dT, p+dp) - g_1(T, p) = g_2(T+dT, p+dp) - g_2(T, p) \tag{5.44}$$

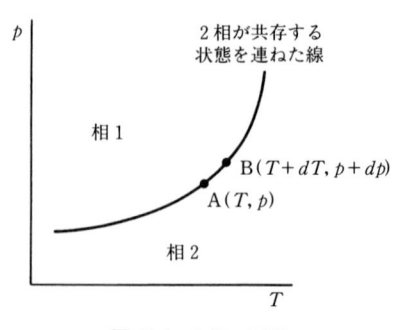

図 5.1 2相の平衡

が得られる．この両辺は g の全微分

$$g(T+dT, p+dp) - g(T, p) = dg = \left(\frac{\partial g}{\partial T}\right)_p dT + \left(\frac{\partial g}{\partial p}\right)_T dp$$

であるから（付録1（p.91）参照）

$$dg_1 = dg_2 \tag{5.45}$$

となる．これに式 (5.35) を代入すると

$$-s_1 dT + v_1 dp = -s_2 dT + v_2 dp$$

となるから

$$\frac{dp}{dT} = \frac{s_2 - s_1}{v_2 - v_1} \tag{5.46}$$

を得る．この式の分子は $s_2 - s_1 = \int \frac{\delta Q}{T}$ であるが，1モルの物質が相1から相2に移るとき外部から加えなければならない熱量を l とすると $s_2 - s_1 = \dfrac{l}{T}$ である．これを式 (5.46) に代入して

$$\frac{dp}{dT} = \frac{l}{T(v_2 - v_1)},$$

または n モルについて

$$\frac{dp}{dT} = \frac{L}{T(V_2 - V_1)} \tag{5.47}$$

を得る．ここに，$L = nl$ である．この式をクラペイロン-クラウジウスの式という．

図5.2は水の**状態図**（**相図**ともいう）である．これより，たとえば，相1が

	相1	相2
蒸発曲線	液相	気相
融解曲線	固相	液相
昇華曲線	固相	気相

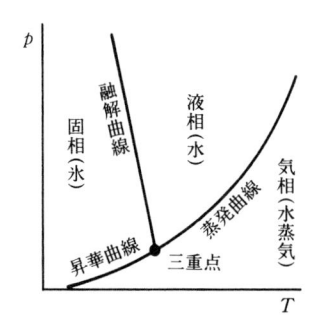

図 5.2 水の状態図

水で相2が水蒸気の場合，$V_2 > V_1$ であるから $\dfrac{dp}{dT} > 0$ である．したがって，気圧の低い高い山の上では沸点が下がるし，圧力釜では圧力が上がるので沸点が上がる．

また，相1が氷で相2が水の場合，0°C における氷の密度は 0.917，水の密度は 0.9998 であるから，$V_1 > V_2$ となり $\dfrac{dp}{dT} < 0$ となる．これよりスケートリングが滑りやすいのは，スケート靴のエッジで氷を押すと，圧力が上がって氷点が下がるので，0°C で凍っていた氷が溶けて滑りやすくなると説明することができる．

例題 5.2 水の沸点を 99°C にするには圧力を 1 気圧から何 mmHg 減らせばよいか．ただし，100°C における水蒸気と水の体積はそれぞれ，1674 cm³，1.000 cm³，水の気化熱は 540 cal/g，1 気圧 $= 1.013 \times 10^5$ N/m² $= 760$ mmHg である．

[解答]
クラペイロン-クラウジウスの式より

$$\Delta p = \frac{L}{T(V_2 - V_1)} \Delta T = \frac{540 \times 4.19}{373 \times (1674 \times 10^{-6} - 1 \times 10^{-6})} \times (-1)$$

$$= -3.63 \times 10^3 \, \text{N/m}^2 = -3.63 \times 10^3 \times \frac{760}{1.013 \times 10^5} \, \text{mmHg} = -27.2 \, \text{mmHg}$$

であるから 27.2 mmHg 減らせばよい．

マクスウェルの直線

図 5.3 のファンデルワールスの状態方程式のグラフにおいて，液相と気相が共存する圧力一定の直線 QR（**マクスウェルの直線**）は，QTU の部分と UVR の部分の面積が等しくなる位置にくることを第 1 章-1.5（p.13）で指摘しておいた．これを証明しよう．

単位質量あたりのヘルムホルツの自由エネルギーと体積をそれぞれ f, v とすると，ギブスの自由エネルギーは

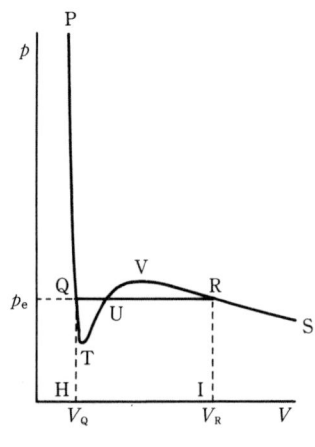

図 5.3 マクスウェルの直線

$$g = f + pv \tag{5.48}$$

である．液体状態 Q と気体状態 R のヘルムホルツの自由エネルギーとギブスの自由エネルギーをそれぞれ f_Q, f_R, g_Q, g_R とすると，相平衡の条件 $g_Q = g_R$ より

$$f_Q + p_e v_Q = f_R + p_e v_R$$

が成り立つから

$$f_Q - f_R = p_e (v_R - v_Q) \tag{5.49}$$

となる．

左辺は $f_Q - f_R = \int_R^Q df$ であるが，いま $T =$ 一定，すなわち $dT = 0$ であるから，f の全微分は

$$df = \left(\frac{\partial f}{\partial V}\right)_T dV + \left(\frac{\partial f}{\partial T}\right)_V dT = \left(\frac{\partial f}{\partial V}\right)_T dV$$

となる．したがって，

$$f_Q - f_R = \int_R^Q df = -\int_Q^R \left(\frac{\partial f}{\partial V}\right)_T dV = \int_{\mathrm{QTUVR}} p\, dV \tag{5.50}$$

となる．ここで，$p = -\left(\frac{\partial f}{\partial V}\right)_T$（式(5.10)）を用いた．

式 (5.49) と (5.50) より

$$\int_{\mathrm{QTUVR}} p\, dV = p_e (v_R - v_Q) \tag{5.51}$$

が得られるが，左辺は HQTUVRI の部分の面積であり，右辺は長方形 HQRI の面積である．したがって，直線 QR は，QTU の部分の面積と UVR の部分の面積が等しくなる位置にくる．

第 5 章に関する問題

5.1 状態方程式が $p = f(V)T$ の形にかける物質では，内部エネルギーが V によらないことを示せ．ここに，p は圧力，V は体積，T は絶対温度，$f(V)$ は V のみの関数とする．

【ヒント】 例題 5.1 と同様にすればよい．

5.2 定積比熱と定圧比熱の間の一般的な関係式

$$c_p = c_V + \left\{\left(\frac{\partial U}{\partial V}\right)_T + p\right\}\left(\frac{\partial V}{\partial T}\right)_p$$
$$= c_V + T\left(\frac{\partial p}{\partial T}\right)_V\left(\frac{\partial V}{\partial T}\right)_p$$

を導け．また，これより理想気体の場合のマイヤーの関係式を求めよ．

【ヒント】 第1式は第1法則と U の全微分を用いる．
第2式は $dU = TdS - pdV$ より $\left(\frac{\partial U}{\partial V}\right)_T$ をつくる．

5.3
$$dS = \frac{c_V}{T}dT + \left(\frac{\partial p}{\partial T}\right)_V dV$$

および

$$dS = \frac{c_p}{T}dT - \left(\frac{\partial V}{\partial T}\right)_p dp$$

を示せ．

【ヒント】 第1式は S を T と V の関数と考えた場合，第2式は T と p の関数と考えた場合である．全微分の式をつくり $c_V = T\left(\frac{\partial S}{\partial T}\right)_V$ および $c_p = T\left(\frac{\partial S}{\partial T}\right)_p$ とマクスウェルの関係式を用いる．

5.4 状態方程式

$$pV = RT\left(1 + \frac{B}{V}\right) \quad (5.52)$$

または

$$p = \frac{RT}{V}\left(1 + \frac{B}{V}\right) \quad (5.53)$$

に従う気体について定積比熱は体積に依存しないことを証明し，次に，定圧比熱，内部エネルギー，エントロピー，断熱過程の式をそれぞれ求めよ．この状態方程式は**カマリング-オネス**（Kamerlingh-Onnes, 1853～1926, オランダ）によって提唱された．

【ヒント】 付録4（p.99）ファンデルワールス気体と同様にせよ．

5.5 2気圧のもとでは氷の融解点は何℃になるか．ただし，0℃の水と氷の体積はそれぞれ $1.000\,\text{cm}^3$，$1.091\,\text{cm}^3$，1気圧の氷の融解熱は $80\,\text{cal/g}$ である．

【ヒント】 クラペイロン-クラウジウスの式を用いる．

第6章　分子運動論

これまで巨視的な立場から実験や経験に基づいて組み立てられた熱力学を学んできた．しかしながら，熱現象は前にも述べたように物質を構成している分子や原子の熱運動によるものである．この章ではこのことに着目して微視的立場に立った分子運動論を展開する．これによって，理想気体の状態方程式を導出し，エネルギー等分配則を導き，気体分子の速度分布を求める．

6.1　気体分子運動論

気体の圧力

圧力は気体分子の運動によって生じる．分子の運動と圧力の関係を調べよう．直方体容器に閉じ込められた相互作用をしない同一分子からなる1モルの気体を考える（図6.1）．分子の質量を m，分子の速度を $\nu(u, v, w)$ とする．ここに，u, v, w はそれぞれ速度 ν の x, y, z 成分である．速度の x 成分が u と $u+du$ の間にある確率を $f(u)du$ とする*）．また，1モルの気体の分子数（アヴォガドロ数）を N，直方体の x 軸に平行な辺の長さを l，x 軸に垂直な壁の面積を S，体積を V とする．

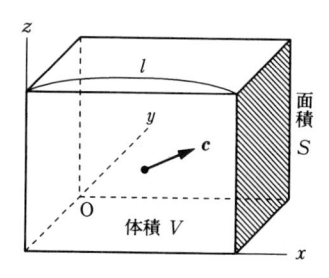

図 6.1　気体の圧力の計算

速度の x 成分が u の分子1個が，x 軸に垂直な壁に衝突したとき壁に与える力積は $2mu$ である．速度の x 成分が u と $u+du$ の間にある分子の数は $Nf(u)du$ であり，これらが1秒間に x 軸に垂直な壁に衝突する回数は $\dfrac{u}{2l}=$

---

*）　$f(u)$ はマクスウェルの分布関数といい，本章6.3（p.82）で具体的な関数形を求める．

$\dfrac{u}{2V/S} = \dfrac{uS}{2V}$ である．したがって，これらが1秒間に x 軸に垂直な壁におよぼす力積の総和は $2mu \cdot Nf(u)\,du \cdot \dfrac{uS}{2V}$ である．これから，全体の分子が x 軸に垂直な壁におよぼす圧力はすべての u について積分して

$$p = \dfrac{\displaystyle\int_0^\infty 2mu \cdot Nf(u)\,du \cdot \dfrac{uS}{2V}}{S}$$

$$= \dfrac{\displaystyle\int_0^\infty Nmf(u)\,u^2\,du}{V} \tag{6.1}$$

$$= \dfrac{Nm\displaystyle\int_0^\infty f(u)\,u^2\,du}{V} \tag{6.2}$$

となる．ところが，$\int_0^\infty f(u)\,u^2\,du$ は u^2 の平均値 $\overline{u^2}$ であるから

$$p = \dfrac{Nm\overline{u^2}}{V} \tag{6.3}$$

が得られる．気体分子については重力は無視してよいので x, y, z 方向は同等であるから，v^2, w^2 の平均値も u^2 の平均値と同様に得られ[*]，$\overline{u^2} = \overline{v^2} = \overline{w^2}$ である．したがって，$\overline{u^2} + \overline{v^2} + \overline{w^2} = \overline{\nu^2}$ より

$$\overline{u^2} = \overline{v^2} = \overline{w^2} = \dfrac{1}{3}\overline{\nu^2} \tag{6.4}$$

となる．式 (6.3) と (6.4) より

$$pV = \dfrac{1}{3}Nm\overline{\nu^2} = \dfrac{2}{3}N \cdot \dfrac{1}{2}m\overline{\nu^2} \tag{6.5}$$

が得られる．式 (6.5) と理想気体の状態方程式 $pV = RT$ とを比べると，

$$\dfrac{2}{3}N \cdot \dfrac{1}{2}m\overline{\nu^2} = RT$$

であるから

$$T = \dfrac{2N}{3R} \cdot \dfrac{1}{2}m\overline{\nu^2} \tag{6.6}$$

となる．すなわち，絶対温度は気体分子の運動エネルギーの平均値に比例する物理量であることが分かる．ボルツマン定数 $k = \dfrac{R}{N}$（式 (4.40)）を用いると気

---

[*] x, y, z 方向については同等であるから $f(u), f(v), f(w)$ の関数形は同じである．

体分子1個あたりの運動エネルギーの平均値は式 (6.6) より

$$\varepsilon = \frac{1}{2} m\overline{v^2} = \frac{3}{2} kT \tag{6.7}$$

であり，したがって，運動エネルギーの総和は

$$E = N \cdot \frac{1}{2} m\overline{v^2} = N \cdot \frac{3}{2} kT = \frac{3}{2} RT \tag{6.8}$$

となる．相互作用をしない気体の場合これが内部エネルギーである．

また，式 (6.6) より，$M = Nm$ を分子量とすると，分子の速度の2乗平均は

$$\overline{v^2} = \frac{3RT}{Nm} = \frac{3RT}{M} \tag{6.9}$$

となる．

気体の比熱

定積比熱（式 (2.13)）は

$$c_V = \left(\frac{dU}{dT}\right)_V$$

であるが，理想気体の場合 $U = E$ であるから，式 (6.8) より

$$c_V = \frac{3}{2} R \tag{6.10}$$

となる．また，マイヤーの関係式 (2.17) より

$$c_p = c_V + R = \frac{5}{2} R \tag{6.11}$$

であるから，比熱比は

$$\gamma = \frac{c_p}{c_V} = \frac{5}{3} = 1.67 \tag{6.12}$$

となる．表 6.1 に実在の気体の比熱比をあげた．この表を見ると He などの単原子分子は式 (6.12) とよく合うのに，H_2 などの多原子分子では合わないことを指摘しておく．

表 6.1 実在の気体の比熱比

He	1.660	H_2	1.410	CO_2	1.305
Ne	1.642	O_2	1.401	H_2O	1.330
Ar	1.667	CO	1.404	CH_4	1.31

6.2 エネルギー等分配の法則

単原子分子の分子1個あたりの運動エネルギーの平均値は式 (6.7) のように

$$\varepsilon = \frac{1}{2}m\overline{v^2} = \frac{3}{2}kT \tag{6.13}$$

であるが，式 (6.4) を考慮すると

$$\frac{1}{2}m\overline{u^2} = \frac{1}{2}m\overline{v^2} = \frac{1}{2}m\overline{w^2} = \frac{1}{3}\frac{1}{2}m\overline{v^2} = \frac{1}{2}kT \tag{6.14}$$

となる．

式 (6.14) は**エネルギー等分配の法則** (equipartition law) の一例である．一般に，エネルギー等分配の法則は

1つの自由度に対して $\frac{1}{2}kT$ ずつエネルギーが分配される

と表される．

エネルギー等分配の法則によると，単原子分子の自由度は並進運動の自由度の3 (x, y, z) のみであるから，分子1個あたりの運動エネルギーの平均値は

$$\varepsilon = 3 \times \frac{1}{2}kT = \frac{3}{2}kT \tag{6.15}$$

である．ところが，2原子分子の場合は，並進運動の自由度の3に加わえて回転運動の自由度が2ある (図 6.2)．したがって，分子1個あたりの運動エネルギーの平均値は

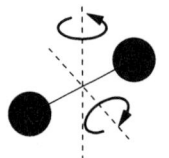

$$\varepsilon = (3+2) \times \frac{1}{2}kT = \frac{5}{2}kT \tag{6.16}$$

図 6.2 回転の自由度

となり，全運動エネルギーは

$$E = N\varepsilon = \frac{5}{2}RT \tag{6.17}$$

となる．したがって，定積比熱は

$$c_V = \frac{5}{2}R \tag{6.18}$$

で，定圧比熱は

$$c_P = c_V + R = \frac{7}{2}R \tag{6.19}$$

となる．これらより比熱比は

$$\gamma = \frac{7}{5} = 1.4 \tag{6.20}$$

となる．表 6.1 で式 (6.12) に合わなかった 2 原子分子 H_2 などが，式 (6.20) にはよく合っていることが分かる．

固体については，分子 1 個あたりのエネルギーは運動エネルギーと結合（ポテンシャル）エネルギーの和

$$\varepsilon = \frac{1}{2}mu^2 + \frac{1}{2}mv^2 + \frac{1}{2}mw^2 + \frac{1}{2}Kx^2 + \frac{1}{2}Ky^2 + \frac{1}{2}Kz^2 \tag{6.21}$$

と書くことができる．ここに，K は弾性定数である．したがって，分子 1 個あたりの自由度は 6 であり，全エネルギーは

$$U = 6 \times \frac{1}{2}kT \times N = 3RT \tag{6.22}$$

となるから，比熱は

$$c = 3R \tag{6.23}$$

となる．これを**デュロン-プティの法則**（Dulong-Petit law）という．この法則は高温では合うが，低温では合わない．低温では比熱は $3R$ より小さくなり，温度が 0 K に近づくと 0 に近づく（図 6.3）．これは低温になると格子振動の量子効果が現れてくるからである．すなわち，高温では熱運動のエネルギー kT が格子振動の最大エネルギー $h\nu_{max}$ より大きいので ($kT > h\nu_{max}$)，熱エネルギーが各自由度に均等に分配される．したがって，全エネルギーは式 (6.22) となる．しかし，低温では熱運動のエネルギーが格子振動の最大エネルギーより小さいので ($kT < h\nu_{max}$)，熱エネルギーが各自由度に均等に分配されない．その結果，

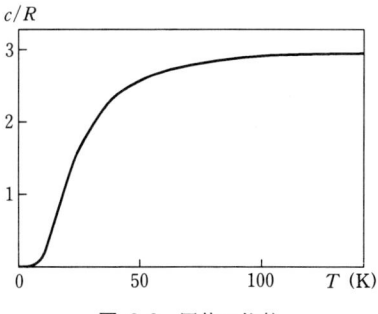

図 6.3 固体の比熱

エネルギーが分配されない自由度ができて，全エネルギーが式 (6.22) より小さくなり，比熱も小さくなるのである．なおこの事情は気体についても同様である（付録 5 (p.103) 参照）．

6.3 速度の分布則

マクスウェルの分布関数

6.1 節で関数形を与えずに用いた気体分子の速度分布を表す関数 $f(u)$ の関数形を求めよう．速度 ν の 1 つの分子の速度の x 成分が u と $u+du$ の間にある確率，y 成分が v と $v+dv$ の間にある確率，z 成分が w と $w+dw$ の間にある確率を，それぞれ，$f(u)du$, $f(v)dv$, $f(w)dw$ とする．気体分子にはたらく重力は無視できるから気体には方向性がない．したがって，x,y,z は同等でこれらの関数形は同じである．気体分子の速度の x 成分が u と $u+du$ の間にあり，かつ y 成分が v と $v+dv$ の間にあり，かつ z 成分が w と $w+dw$ の間にある確率を $F(u,v,w)dudvdw$ とし，$f(u), f(v), f(w)$ は独立と仮定すると

$$F(u,v,w)=f(u)f(v)f(w) \tag{6.24}$$

である．$F(u,v,w)$ は速度の極座標成分 ν, θ, ϕ の関数とも考えられるが，気体には方向性がないから F は速さ（速度の大きさ）ν のみの関数と考えられる．したがって

$$F(\nu)=f(u)f(v)f(w) \tag{6.25}$$

と書くことができる．

式 (6.25) の両辺の対数をとると

$$\log F(\nu)=\log f(u)+\log f(v)+\log f(w) \tag{6.26}$$

となり，式 (6.26) の両辺を u,v,w でそれぞれ偏微分すると

$$\left. \begin{array}{l} \dfrac{u}{\nu}\dfrac{F'(\nu)}{F(\nu)}=\dfrac{f'(u)}{f(u)} \\[6pt] \dfrac{v}{\nu}\dfrac{F'(\nu)}{F(\nu)}=\dfrac{f'(v)}{f(v)} \\[6pt] \dfrac{w}{\nu}\dfrac{F'(\nu)}{F(\nu)}=\dfrac{f'(w)}{f(w)} \end{array} \right\} \tag{6.27}$$

が得られる．したがって

6.3 速度の分布則

$$\frac{F'(\nu)}{\nu F(\nu)} = \frac{f'(u)}{uf(u)} = \frac{f'(v)}{vf(v)} = \frac{f'(w)}{wf(w)} \tag{6.28}$$

となる．u, v, w は独立であるから，式 (6.28) がつねに成り立つためにはこれらは定数でなければならない．これを $-2A$ とおくと[*)]

$$\left. \begin{array}{l} \dfrac{f'(u)}{f(u)} = -2Au \\[4pt] \dfrac{f'(v)}{f(v)} = -2Av \\[4pt] \dfrac{f'(w)}{f(w)} = -2Aw \end{array} \right\} \tag{6.29}$$

が得られる．式 (6.29) を積分すると

$$\left. \begin{array}{l} f(u) = B\exp(-Au^2) \\ f(v) = B\exp(-Av^2) \\ f(w) = B\exp(-Aw^2) \end{array} \right\} \tag{6.30}$$

となる．ここに，B は積分定数である．したがって，式 (6.24) より

$$F(u, v, w) = B^3 \exp[-A(u^2+v^2+w^2)] \tag{6.31}$$

が得られる．

$F(u, v, w)$ の具体的な形を決めるために積分定数 A と B を求める．確率の定義より

$$\int_{-\infty}^{\infty} f(u)\,du = B\int_{-\infty}^{\infty} \exp(-Au^2)\,du = 1 \tag{6.32}$$

である．これと定積分（付録1 (p.91) 参照）

$$I = \int_{-\infty}^{\infty} \exp(-Ax^2)\,dx = \sqrt{\frac{\pi}{A}} \tag{6.33}$$

を用いると，A と B の関係

$$B = \sqrt{\frac{A}{\pi}} \tag{6.34}$$

が得られる．

次に，式 (6.33) の両辺を A で微分することにより

$$\int_{-\infty}^{\infty} x^2 \exp(-Ax^2)\,dx = \frac{1}{2}\sqrt{\frac{\pi}{A^3}} \tag{6.35}$$

[*)] $-2A$ とおくのは単に最後の関数形をきれいな形にするためだけである．

が得られるので，これを用いて速度の x 成分の2乗平均 $\overline{u^2}$ を計算すると

$$\overline{u^2}=\frac{\int_{-\infty}^{\infty}u^2f(u)\,du}{\int_{-\infty}^{\infty}f(u)\,du}=\frac{B\int_{-\infty}^{\infty}u^2\exp(-Au^2)\,du}{B\int_{-\infty}^{\infty}\exp(-Au^2)\,du}=\frac{1}{2A} \quad (6.36)$$

となる．エネルギー等分配の法則（式 (6.14)）

$$\frac{1}{2}m\overline{u^2}=\frac{1}{2}kT$$

を用いると式 (6.36) から

$$A=\frac{m}{2kT} \quad (6.37)$$

が得られる．結局具体的な形は $f(u)$ について

$$f(u)=\sqrt{\frac{m}{2\pi kT}}\exp\left[-\frac{mu^2}{2kT}\right] \quad (6.38)$$

であり，$f(v)$，$f(w)$ についても同じ形であるから式 (6.31) より

$$F(u,v,w)=\left(\sqrt{\frac{m}{2\pi kT}}\right)^3\exp\left[-\frac{m}{2kT}(u^2+v^2+w^2)\right] \quad (6.39)$$

となる．また，$\varepsilon=\frac{1}{2}m(u^2+v^2+w^2)$（運動エネルギー）とすると

$$F(u,v,w)=\left(\sqrt{\frac{m}{2\pi kT}}\right)^3\exp\left[-\frac{\varepsilon}{kT}\right] \quad (6.40)$$

と書くこともできる[*]．これを**マクスウェル**（または**マクスウェル-ボルツマン**）**の分布関数**といい，このような関数形を**ガウス形**という（図6.4）．

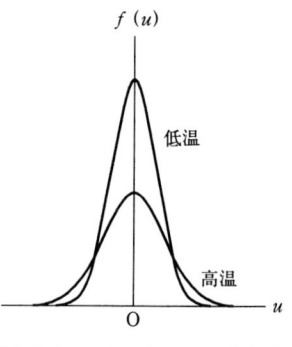

図 6.4 マクスウェルの分布関数

速さの分布

マクスウェルの分布関数を用いて気体分子の速度に関するいろいろな量を求めよう．

---

[*] 以上の導き方は，$f(u)$，$f(v)$，$f(w)$ を独立と仮定し，また分子の衝突を考慮していないので厳密ではないが，最後の結果は厳密にも正しいことがボルツマンによって示されている．

6.3 速度の分布則

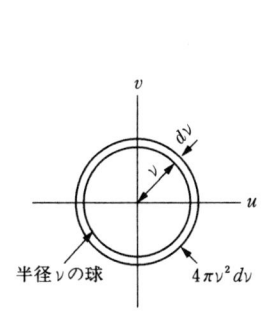

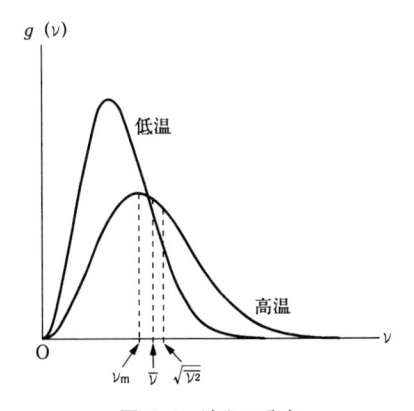

図 6.5 速さの分布の計算

図 6.6 速さの分布

速さ（速度の絶対値）が ν と $\nu+d\nu$ の間にある確率 $g(\nu)\,d\nu$ は，図 6.5 を参考にして

$$g(\nu)\,d\nu = F(\nu)\cdot 4\pi\nu^2 d\nu = 4\pi\left(\sqrt{\frac{m}{2\pi kT}}\right)^3 \nu^2 \exp\left(-\frac{mc^2}{2kT}\right)d\nu \quad (6.41)$$

となることが分かる．このグラフの高温と低温の場合が図 6.6 に描いてある．

最も多くの分子がもつ速さ（最多速度）ν_m は，速さの分布 (6.41) が最大値をとる速さを求めればよいから

$$\frac{dg(\nu)}{d\nu} \propto 2\nu \exp\left(-\frac{m}{2kT}\nu^2\right) - \frac{m}{kT}\nu^3 \exp\left(-\frac{m}{2kT}\nu^2\right) = 0 \text{ より}$$

$$\nu_\mathrm{m} = \sqrt{\frac{2kT}{m}} = \sqrt{\frac{2RT}{M}} \quad (6.42)$$

となる．

また，平均の速さ $\overline{\nu}$ は

$$\overline{\nu} = \int_0^\infty \nu g(\nu)\,d\nu = \int_0^\infty 4\pi\left(\sqrt{\frac{m}{2\pi kT}}\right)^3 \nu^3 \exp\left(-\frac{m}{2kT}\nu^2\right)d\nu$$

$$= \frac{2}{\sqrt{\pi}}\sqrt{\frac{2kT}{m}} = \frac{2}{\sqrt{\pi}}\sqrt{\frac{2RT}{M}} = 1.1284\,\nu_\mathrm{m} \quad (6.43)$$

であり，速さの 2 乗の平均 $\overline{\nu^2}$ とその平方根は

$$\overline{\nu^2} = \int_0^\infty \nu^2 g(\nu)\,d\nu = \frac{3kT}{m} = \frac{3RT}{M} \quad (6.44)$$

$$\sqrt{\overline{\nu^2}} = \sqrt{\frac{3}{2}}\sqrt{\frac{2kT}{m}} = \sqrt{\frac{3}{2}}\sqrt{\frac{2RT}{M}} = 1.2247\,\nu_\mathrm{m} \quad (6.45)$$

となる*⁾（積分については付録 1 (p. 91) 参照）．図 6.6 の高温のグラフについてこれらが示してある．

例題 6.1 0°C における He 分子と O_2 分子の最多速度，平均の速さ，速さの 2 乗平均の平方根を求めよ．He 分子と O_2 分子の分子量はそれぞれ 4 g/mol，32 g/mol，気体定数は 8.31441 J/mol·K である．

[解答]

He 分子について，$M=4\,\text{g/mol}=4\times 10^{-3}\,\text{kg/mol}$，$R=8.31441\,\text{J/mol·K}$，$T=273\,\text{K}$ を式 (6.42) に代入して $\nu_m=\sqrt{\dfrac{2RT}{M}}=1065\,\text{m/s}$ を得る．また，式 (6.43) と (6.45) よりそれぞれ，$\overline{\nu}=1.1284\times\nu_m=1202\,\text{m/s}$，$\sqrt{\overline{\nu^2}}=1.2247\times\nu_m=1305\,\text{m/s}$ を得る．

O_2 分子については同様に $\nu_m=377\,\text{m/s}$，$\overline{\nu}=425\,\text{m/s}$，$\sqrt{\overline{\nu^2}}=461\,\text{m/s}$ となる．

第 6 章に関する問題

6.1 15°C において気体分子 1 個のもつ運動エネルギーを計算せよ．

6.2 50°C，100°C における酸素分子の平均の速さを求めよ．

6.3 速度の x 成分のゆらぎを求めよ．ここで，ゆらぎとは平均値からの差の 2 乗平均の平方根である．すなわち，x のゆらぎは $\varDelta x$ とし $\varDelta x=\sqrt{\overline{(x-\overline{x})^2}}$ で与えられる．

6.4 速さ ν のゆらぎを求めよ．

---

*⁾ 式 (6.44) は，(6.9) と同じである．

付　録

付録では，高等学校から大学初年次にかけて学ぶと思われる数学と力学を，復習を兼ねて取り上げる．また，本文中で用いられる積分，国際温度目盛，ファンデルワールスの状態方程式の詳細は，本文中で詳しく述べるよりはここで取り上げた方がよいと考えた．最後に，参考までに固体の比熱のアインシュタインの理論の概略を紹介する．

付録1　数学補助

微分係数と導関数

ある変数 x の領域 A において関数 $y=f(x)$ が定義されているとする．A の 1 点 a に関して $x-a$ を x の増分，$f(x)-f(a)$ を y の増分といい，それぞれ，Δx, Δy で表す．これらに対して極限値

$$\lim_{\Delta x \to 0}\frac{\Delta y}{\Delta x}=\lim_{x \to a}\frac{f(x)-f(a)}{x-a}=\lim_{\Delta x \to 0}\frac{f(a+\Delta x)-f(a)}{\Delta x} \quad (\text{H}.1)$$

が存在して有限ならばこれを a における $f(x)$ の**微分係数**といい $f'(a)$, $\left[\dfrac{dy}{dx}\right]_{x=a}$ などと表し，$f(x)$ は a において微分可能であるという．また，領域 A の各点において $f(x)$ が微分可能であれば，$f(x)$ は領域 A において微分可能であるという．この場合，A の任意の 1 点 x に対して"x における $f(x)$ の微分係数"を対応させる関数が考えられ，これを $f(x)$ の**導関数**といい，

$$f'(x),\ \frac{df(x)}{dx},\ y',\ \frac{dy}{dx}$$

などの記号で表す．微分係数や導関数を求めることを微分するという．

x の増分 Δx に対して $f'(a)\Delta x$ を a における y の**微分**といい dy で表す，すなわち $dy=f'(a)\Delta x$ である．$y=f(x)=x$ のときの y の微分を考えると $f'(a)=1$ であるから $dy=d(x)=1\times \Delta x=\Delta x$，すなわち $\Delta x=dx$ となるので

$$dy=f'(a)\,dx=\left[\frac{dy}{dx}\right]_{x=a}dx \quad (\text{H}.2)$$

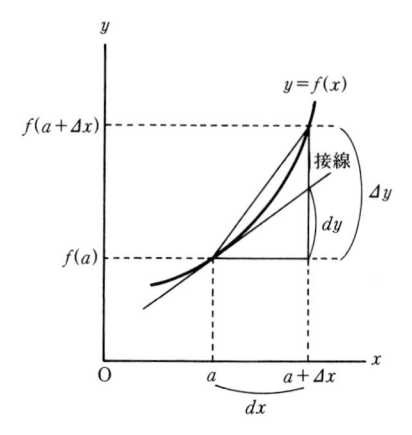

図 H.1 微分と接線

である（図 H.1）．

連続な関数 $f(x)$ が a において微分可能ならば，$f(x)$ のグラフは点 $(a, f(a))$ において接線をもちその傾きは $f'(a)$ である（図 H.1）．

$f(x)$ の導関数 $y' = f'(x)$ が導関数をもつならば，それを $f(x)$ の 2 次導関数といい

$$f''(x), \quad \frac{d^2 f(x)}{dx^2}, \quad y'', \quad \frac{d^2 y}{dx^2}$$

などで表す．

一般に自然数 n に対して n 次導関数が

$$f^{(n)}(x), \quad \frac{d^n f(x)}{dx^n}, \quad y^{(n)}, \quad \frac{d^n y}{dx^n}$$

のように定義され，$f^{(n)}(a)$ を a における $f(x)$ の n 次微分係数とよぶ．

変曲点

関数 $f(x)$ のグラフ L 上の 2 つの点を P，Q とする（図 H.2）．L の弧 PQ が線分 PQ の下方にあるならば L は下に凸であるといい，弧 PQ が線分 PQ の上方にあるならば L は下に凹（上に凸）であるという．導関数 $f'(x)$ が増加する区間（接線の傾きが増加し，2 次導関数は正；$f''(x) > 0$）では L は下に凸*)，減

---

*) この場合は強い意味で下に凸であるという．

図 H.2 関数の凹凸　　　　　　　　**図 H.3** 変曲点

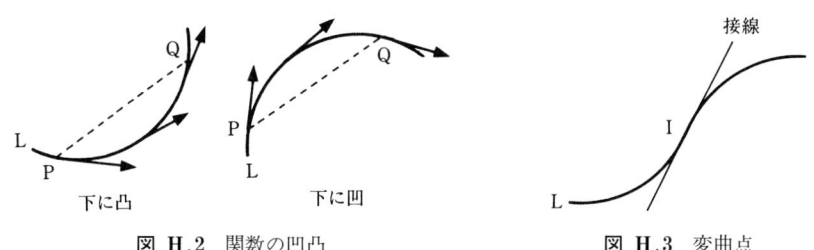

少する区間（接線の傾きが減少し，$f''(x)<0$）では下に凹である．

ある点 I において L の凹凸が変わるとき I を L の**変曲点**という（図 H.3）．すなわち変曲点では導関数が増加から減少に，または減少から増加に変わる．このとき，I によって分けられる L の 2 つの部分は I における接線の反対側にある．

2 次導関数 $f''(x)$ がある点において 0 となり，その点の前後で符号が変わるとき，その点は変曲点である．ファンデルワールスの状態方程式の場合は臨界点で 1 次導関数 $f'(x)$ も 0 である．

定積分と面積

$f(x)$ は x の範囲 $a \leq x \leq b$（これを区間 $[a,b]$ という）において連続とする．区間 $[a,b]$ を $a=x_0<x_1<x_2<\cdots<x_n=b$ のように分点 x_i によって n 個の小区間 $[x_{i-1}, x_i]$ に分ける（図 H.4）．それぞれの小区間 $[x_{i-1}, x_i]$ 内の点 ξ_i における関数の値 $f(\xi_i)$ と区間の幅 $\delta_i = x_i - x_{i-1}$ の積の和

$$\sum_{i=1}^{n} f(\xi_i)\delta_i = f(\xi_1)\delta_1 + f(\xi_2)\delta_2 + \cdots f(\xi_n)\delta_n \tag{H.3}$$

を考える．分点 x_i を次第に密にとっていって，各区間の幅 δ_i が 0 に近づくように分割を限りなく細かくしていくとき，極限値

$$I = \lim_{\delta_i \to 0} \sum_{i=1}^{n} f(\xi_i)\delta_i \tag{H.4}$$

が存在するならば，$f(x)$ は区間 $[a,b]$ において積分可能であるという．このときこの極限値を

$$I = \int_a^b f(x)\,dx \tag{H.5}$$

と書いて a から b までの $f(x)$ の**定積分**という．

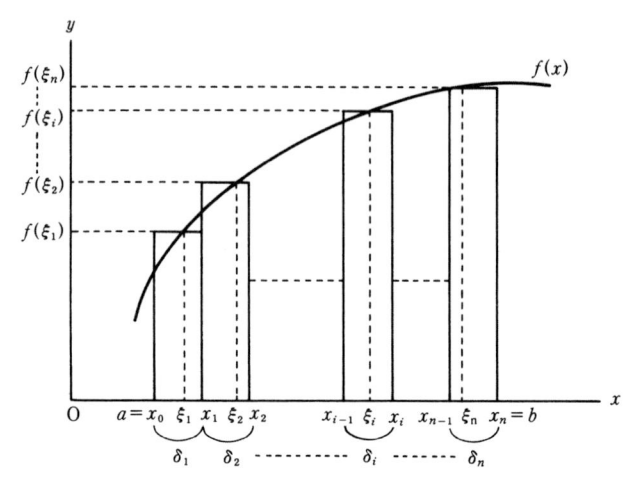

図 H.4 定積分と面積

区間 $[a, b]$ においてつねに $f(x) \geqq 0$ であれば，式 (H.4) は，曲線 $f(x)$ と x 軸, $x=a$, $x=b$ の 3 直線とによって囲まれる図形の面積になることは図 H.4 から直感的に分かるであろう．

偏微分と全微分

2 変数 x, y の関数 $f(x, y)$ を考える．$x=a, y=b$ の近傍で定義された 1 変数の関数 $f(x, b)$ が a において微分可能であるとき，$f(x, y)$ は点 (a, b) において x に関して偏微分可能であるという．また，y の関数 $f(a, y)$ が b において微分可能であるとき，$f(x, y)$ は点 (a, b) において y に関して偏微分可能であるという．これらの微分係数を $\left[\dfrac{\partial f}{\partial x}\right]_{y=b}$, $\left[\dfrac{\partial f}{\partial y}\right]_{x=a}$ と書くと

$$\left.\begin{aligned} \left[\frac{\partial f}{\partial x}\right]_{y=b} &= \lim_{\Delta x \to 0} \frac{f(a+\Delta x, b)-f(a, b)}{\Delta x} \\ \left[\frac{\partial f}{\partial y}\right]_{x=a} &= \lim_{\Delta y \to 0} \frac{f(a, b+\Delta y)-f(a, b)}{\Delta y} \end{aligned}\right\} \quad \text{(H.6)}$$

であり，これらを $f(x, y)$ の (a, b) における x または y に関する**偏微分係数**という．

また，$\dfrac{\partial f}{\partial x}$ や $\dfrac{\partial f}{\partial y}$ を x と y の関数と考えるときこれらを $f(x, y)$ の**偏導関数**といい，偏微分係数や偏導関数を求めることを，x または y について偏微分す

るという*⁾.

y を一定にする, すなわち y を定数と考えたときの $f(x,y)$ の微分 $df_{y=\text{const.}}$ は

$$df_{y=\text{const.}} = \frac{\partial f}{\partial x} dx,$$

であり, これは y を一定にして x 方向に dx だけ微小変化させたときの f の変化量

$$df_{y=\text{const}} = f(x+dx, y) - f(x, y)$$

で, $\frac{\partial f}{\partial x}$ はそのときの変化の割合である. 同様に x を一定としたときの $f(x,y)$ の微分 $df_{x=\text{const.}}$ は

$$df_{x=\text{const.}} = \frac{\partial f}{\partial y} dy$$

であり, これは x を一定にして y 方向に dy だけ微小変化させたときの f の変化量

$$df_{x=\text{const}} = f(x, y+dy) - f(x, y)$$

で, $\frac{\partial f}{\partial y}$ はそのときの変化の割合である. これらより x 方向に dx, y 方向に dy だけ同時に変化させたときの f の微分 df は

$$df = f(x+dx, y+dy) - f(x, y) = \left[\frac{\partial f}{\partial x}\right]_y dx + \left[\frac{\partial f}{\partial y}\right]_x dy \quad (\text{H.7})$$

となり, これを**全微分**という.

本文に出てくる積分

1. 式 (6.33) $I = \int_{-\infty}^{\infty} \exp(-Ax^2)\, dx = \sqrt{\frac{\pi}{A}}$
I^2 を計算して

$$I^2 = \int_{-\infty}^{\infty}\int_{-\infty}^{\infty} \exp\{-A(x^2+y^2)\}\, dxdy$$

$$= \int_0^{\infty}\int_0^{2\pi} \exp(-Ar^2)\, rdrd\theta$$

---

*⁾ 2つ以上の変数 $x, y, \cdots$ の関数 $f = f(x, y, \cdots)$ の場合も, 1つの変数, たとえば x だけに着目して他の変数は定数とみなし, $f = f(x, y, \cdots)$ を x のみの関数とみなして微分することを $f = f(x, y, \cdots)$ を x で偏微分するといい $\frac{\partial f}{\partial x}$ または f_x と書く.

$$= \frac{1}{2}\int_0^\infty \exp(-Ar^2)\,dr^2 \int_0^{2\pi} d\theta = \frac{\pi}{A} \qquad (\text{H}.8)$$

より求められる．

2．定積分 (6.43) と (6.44)

式 (6.43)：
$$\int_0^\infty x^3 \exp(-Ax^2)\,dx = \frac{1}{2}\int_0^\infty x^2 \exp(-Ax^2)\,dx^2$$
$$= -\frac{1}{2A}\int_0^\infty x^2 d\{\exp(-Ax^2)\}$$
$$= -\frac{1}{2A}\Big\{[x^2\exp(-Ax^2)]_0^\infty$$
$$\qquad -\int_0^\infty \exp(-Ax^2)\,dx^2\Big\}$$
$$= \frac{1}{2A}\left[\frac{1}{-A}\exp(-Ax^2)\right]_0^\infty = \frac{1}{2A^2} \quad (\text{H}.9)$$

式 (6.44)：式 (6.35) $\int_{-\infty}^\infty x^2 \exp(-Ax^2)\,dx = \frac{1}{2}\sqrt{\frac{\pi}{A^3}}$ を A で微分すると得られる．

3．一般的な公式

式 (H.9) から次々 A で微分すると
$$\int_0^\infty x^{2n+1}\exp(-Ax^2)\,dx = \frac{n!}{2A^{n+1}} \qquad (\text{H}.10)$$

式 (6.35) から次々 A で微分すると
$$\int_0^\infty x^{2n}\exp(-Ax^2)\,dx = \frac{1\cdot 3\cdots(2n-1)}{2^{n+1}A^n}\sqrt{\frac{\pi}{A}} \qquad (\text{H}.11)$$

が得られる．

確　率

　結果が偶然に支配されて変化するような実験のことを試行といい，試行の1つひとつの結果を**根元事象**という．たとえば，トランプの組から任意に1枚を抜き取るという実験は1つの試行であり，その結果，"ハートのAが出る"，"スペードのQが出る"，"ダイヤの3が出る"，……，"クラブの10が出る"といった結果はこの試行の根元事象である．以下，試行はすべて"トランプの抜き取り"を例にとることにする．

試行によって得られる根元事象の集まりをその試行の事象という。たとえば，"ハートが出る"という事象は，"ハートのAが出る"，"ハートの2が出る"，……，"ハートのKが出る"という13の根元事象の集まりである。

このような試行を行うときある事象が起こる可能性を考える。たとえば，"ハートが出る"，"ダイヤが出る"，"スペードが出る"，"クラブが出る"という事象は全部同程度に起こる可能性があるであろう。何故ならトランプがそろっていればどの事象も13の根元事象からできているからである（もちろんトランプにはいんちきがないものとする）。

ある試行を何回も繰り返し行ってその根元事象を記録して

$$a_1, a_2, \cdots a_n \tag{H.12}$$

のような列を得たとする。この中にある特定の事象Eに属する根元事象がr個あったとするとき

$$\frac{r}{n} \tag{H.13}$$

を事象Eの相対頻度という。このような試行を何回も繰り返して行い，根元事象を記録し相対頻度を計算するということを何回も行った結果

$$\frac{r_1}{n_1}, \frac{r_2}{n_2}, \cdots, \frac{r_k}{n_k}, \cdots \tag{H.14}$$

を得たとする。この相対頻度の列が一定の値αに密集する傾向があれば，αを事象Eの確率あるいは事象Eの起こる**確率**といい

$$p(\mathrm{E}) = \alpha \tag{H.15}$$

と書く。

ある試行に対する根元事象の総数がN個で，このどれもが平等に現れる可能性をもつとし，事象Eに属する根元事象の数がR個あるとする。この場合，式(H.12)のような列におけるEの相対頻度$\frac{r}{n}$は$\frac{R}{N}$に近いであろう。しかもそれらは$\frac{R}{N}$の近くに密集する傾向をもつであろう。このときは

$$p(\mathrm{E}) = \frac{R}{N} \tag{H.16}$$

としてよいであろう。たとえば，"ハートが出る"という事象をEとすると

$$p(\mathrm{E}) = \frac{13}{52} = \frac{1}{4}$$

である．

すべての事象を考えるとすべての根元事象はどれかの事象に属する．したがって，式 (H.12) のような試行による根元事象の列をつくれば，全事象の相対頻度は $\frac{n}{n}=1$ であるから，これより全事象（Ω と書く）の確率は

$$p(\Omega)=1 \qquad (H.17)$$

となる．

いかなる根元事象ももたない事象を空事象という．この場合，試行の列をつくれば空事象の相対頻度は $\frac{0}{n}=0$ となり，これより空事象（ϕ と書く）の確率は

$$p(\phi)=0 \qquad (H.18)$$

である．

次へ進むために集合について復習しておく．ものの集まりのことを**集合**といい，集合に所属するものを**元**という．事象は集合の一種であり，この集合の元は根元事象である．集合 A と集合 B のすべての元を集めた集合を A と B の**和集合**といい

$$A\cup B \qquad (H.19)$$

と表す（図 H.5）．また，集合 A と B に共通する元の集合を**共通部分**（または積集合）といい

$$A\cap B \qquad (H.20)$$

と表す（図 H.6）．

元が 1 つもない集合を空集合といい ϕ で表す．

たとえば，ハートのカード全体の集合を A, 2 のカード全体を B とすると，A∪B はハートのカードと 2 のカードの全体 16 枚からなる集合である．また，A∩B はただ 1 枚のカード"ハートの 2"からなる集合である．スペードのカード全体の集合を C とすると，A∩C=ϕ である．

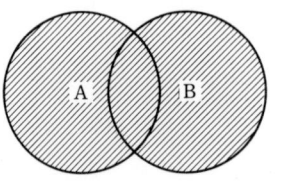

図 H.5　和集合 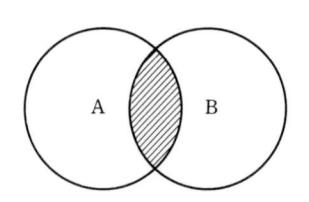　　　　　図 H.6　共通部分

2つの事象EとFがある2つの場合を考える。

1. EとFが共通の根元事象をもたない場合，すなわち，E∩F=φ の場合，EとFは互いに排反であるという．これはEとFが同時に起こりえないということを意味する．この場合，式 (H.12) のような試行による根元事象の列において，Eに属する根元事象が r_1 個，Fに属する根元事象が r_2 個あったとすると，EかFのどちらかに属する根元事象の数は r_1+r_2 である．したがって，事象EかFのどちらかが起こる相対頻度は $\frac{r_1+r_2}{n}=\frac{r_1}{n}+\frac{r_2}{n}$ となる．ところが $\frac{r_1}{n}$ はEの相対頻度，$\frac{r_2}{n}$ はFの相対頻度であるから，$\frac{r_1}{n}$ は $p(E)$ に，$\frac{r_2}{n}$ は $p(F)$ に密集するであろう．したがって，事象EかFのどちらかが起こる相対頻度は $p(E)+p(F)$ に密集するであろう．これより**排反事象**の場合EかFのどちらかが起こる確率，すなわち，E∪F の確率 $p(E\cup F)$ は

$$p(E\cup F)=p(E)+p(F) \tag{H.21}$$

となる．

たとえば，ハートのカード全体をE，ダイヤのカード全体をFとすると，E∩F=φ であるから両者は排反事象である．したがって

$$p(E\cup F)=p(E)+p(F)=\frac{1}{4}+\frac{1}{4}=\frac{1}{2}$$

である．

2. 試行を何回も繰り返して根元事象の列

$$a_1, a_2, \cdots, a_n \tag{H.22}$$

を得たとする．この中から事象Eに属する根元事象を抜き出して

$$b_1, b_2, \cdots, b_r \tag{H.23}$$

という列をつくる．このとき $\frac{r}{n}$ はEの相対頻度で $p(E)$ の近くに密集する．次に式 (H.23) から事象Fに属する根元事象を抜き出して

$$c_1, c_2, \cdots, c_s \tag{H.24}$$

という列をつくる．このとき $\frac{s}{r}$ をEに関するFの相対頻度という．一方，式 (H.24) は式 (H.22) から E∩F に属する根元事象を抜き出した列である．したがって，$\frac{s}{n}$ は式 (H.22) における E∩F の相対頻度であり，$p(E\cap F)$ の近くに

密集する．これより E に関する F の相対頻度 $\frac{s}{r}$ は，$\frac{s}{r} = \frac{\frac{s}{n}}{\frac{r}{n}}$ であるから $\frac{p(E \cup F)}{p(E)}$ の近くに密集する．

試行を行ったときその結果が知らされていなければそれが F に属する可能性は $p(F)$ の程度である．しかし，結果が E に属するものであることが知らされていれば，それが F に属する可能性は $\frac{p(E \cap F)}{p(E)}$ の程度となる．したがって

$$p(F) \neq \frac{p(E \cap F)}{p(E)} \tag{H.25}$$

であれば，結果が知らされないときと，Eに属することが知らされたときとで，結果が F に属する可能性に差がある．たとえば，トランプからハートの1から6までとスペードの7からKまでを除外したとする．このとき，赤のカード全体を E，K のカード全体を F とすると，$p(E) = \frac{20}{39}$，$p(E \cap F) = \frac{2}{39}$，$p(F) = \frac{1}{13}$ であるから $\frac{p(E \cap F)}{p(E)} = \frac{1}{10}$ となって式 (H.25) が成立し E と F は独立ではない．

しかし

$$p(F) = \frac{p(E \cap F)}{p(E)} \tag{H.26}$$

であればそのような差がない．すなわち，F は E とは無関係におこる．このとき E と F は互いに独立であるという．

たとえば，トランプのカードが全部そろっているとき，赤のカード全体を E，K のカード全体を F とすると $p(E) = \frac{1}{2}$，$p(E \cap F) = \frac{1}{26}$，$p(F) = \frac{1}{13}$ であるから，$\frac{p(E \cap F)}{p(E)} = \frac{1}{13}$ となって式 (H.26) が成立する．式 (H.26) より E と F が**独立事象**の場合

$$p(E \cap F) = p(E)\,p(F) \tag{H.27}$$

である．

付録2　力学補助

エネルギーと仕事

1つの質点が点 A から点 B まで動くとき，経路に沿ってニュートンの運動方

程式

$$m\frac{d\boldsymbol{v}}{dt}=\boldsymbol{F} \tag{H.28}$$

を積分（線積分）する：

$$\int_A^B m\frac{d\boldsymbol{v}}{dt}d\boldsymbol{r}=\int_A^B \boldsymbol{F}d\boldsymbol{r}. \tag{H.29}$$

左辺の積分は

$$\int_A^B m\frac{d\boldsymbol{v}}{dt}d\boldsymbol{r}=\int_A^B m\frac{dv_x}{dt}dx+\int_A^B m\frac{dv_y}{dt}dy+\int_A^B m\frac{dv_z}{dt}dz$$

と書き直せる．第1項を計算すると

$$\int_A^B m\frac{dv_x}{dt}dx=\int_A^B m\frac{dv_x}{dt}\frac{dx}{dt}dt=\int_A^B m\frac{dv_x}{dt}v_x dt=\int_A^B mv_x dv_x$$
$$=\int_A^B \frac{1}{2}md(v_x^2)=\left[\frac{1}{2}mv_x^2\right]_A^B=\frac{1}{2}mv_{Bx}^2-\frac{1}{2}mv_{Ax}^2$$

となる．ここに，v_{Ax}, v_{Bx} はそれぞれ点 A, 点 B における速度の x 成分である．第2項，第3項も同様であるから，式 (H.29) の左辺は

$$\int_A^B m\frac{d\boldsymbol{v}}{dt}d\boldsymbol{r}=\frac{1}{2}mv_B^2-\frac{1}{2}mv_A^2$$

となる．ここに v_A, v_B はそれぞれ点 A, 点 B における速さ（速度の絶対値）である．したがって

$$\frac{1}{2}mv_B^2-\frac{1}{2}mv_A^2=\int_A^B \boldsymbol{F}d\boldsymbol{r} \tag{H.30}$$

が得られる．式 (H.30) の右辺の積分は質点が点 A から点 B まで動くとき質点にはたらく力 $\boldsymbol{F}$ が質点にした仕事である．また，左辺の $\frac{1}{2}mv^2$ は質点の運動エネルギーである．式 (H.30) を**エネルギーと仕事の関係**といい，

　　運動エネルギーの変化量は質点にはたらく力がした仕事に等しい

といい表すことができる．

保存力とポテンシャル

　質点を点 A から点 B まで動かすとき質点にはたらいている力 $\boldsymbol{F}$ がする仕事が途中の経路によらず A と B の位置のみによって決まるときその力を保存力

という．これを式で書くと

$$\int_{A(C)}^{B} \boldsymbol{F} d\boldsymbol{r} = \int_{A(C')}^{B} \boldsymbol{F} d\boldsymbol{r} \qquad (\text{H}.31)$$

である．ここに積分 $\int_{A(C)}^{B} \boldsymbol{F} d\boldsymbol{r}$ は経路 ACB に沿って積分することを表す（図 H.7）．

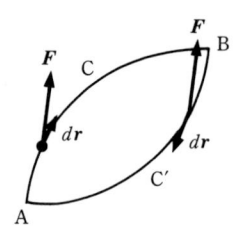

図 H.7 仕事の積分

力 $\boldsymbol{F}$ が保存力のとき，1点 O を定めておけばそこから点 P まで動かすときに $\boldsymbol{F}$ がする仕事は点 P の位置だけで決まる．したがって

$$U(\text{P}) = -\int_{\text{O}}^{\text{P}} \boldsymbol{F} d\boldsymbol{r} \qquad (\text{H}.32)$$

という関数を定義すれば $U(\text{P})$ は点 P の位置のみの関数である．したがって $U(\text{P})$ は点 P を特徴づける量であり，これが**ポテンシャル**である．保存力はポテンシャルをもち，逆にポテンシャルをもつ力は保存力であることが証明できる．

A から出発して A→C→B→C′→A と 1 周する経路について仕事の積分

$$\oint \boldsymbol{F} d\boldsymbol{r} = \int_{A(C)}^{B} \boldsymbol{F} d\boldsymbol{r} + \int_{B(C')}^{A} \boldsymbol{F} d\boldsymbol{r} \qquad (\text{H}.33)$$

を考える（図 H.7）．ここで B→C′→A の積分は A→C′→B と比べて $d\boldsymbol{r}$ の向きが逆になるので

$$\int_{B(C')}^{A} \boldsymbol{F} d\boldsymbol{r} = -\int_{A(C')}^{B} \boldsymbol{F} d\boldsymbol{r} = -\int_{A(C)}^{B} \boldsymbol{F} d\boldsymbol{r}$$

の関係にあるから式 (H.33) は

$$\oint \boldsymbol{F} d\boldsymbol{r} = \int_{A(C)}^{B} \boldsymbol{F} d\boldsymbol{r} - \int_{A(C')}^{B} \boldsymbol{F} d\boldsymbol{r} = 0 \qquad (\text{H}.34)$$

となる．すなわち任意の閉曲線に沿って 1 周するとき保存力のする仕事は 0 である．これが式 (4.2)（p.45）である．

付録 3 国際温度目盛

国際温度目盛における熱力学温度（$T[\text{K}]$）は，水の**三重点**[*]の熱力学温度を 273.16K とし，1K を水の三重点の熱力学温度の 1/273.16 と決める．これとセ

---

[*] 氷と水と水蒸気が共存する状態（第 5 章-5.6（p.73）参照）．

ルシウス温度 (t[°C]) は $t = T - T_0 (T_0 = 273.15\,\mathrm{K})$ の関係で結ばれる。国際ケルビン温度 (T_{90}[K]) は 1990 年国際温度目盛で定められた。これは、温度値が与えられた再現可能な温度（定義定点、表 H.1）と、これらによって目盛りを定められた計器[*]によって定義される。定点以外の温度は所定の公式で求める。国際セルシウス温度 t_{90}[°C] は T_{90}[K] と $t_{90} = T_{90} - T_0 (T_0 = 273.15\,\mathrm{K})$ の関係で結ばれ、実験誤差の範囲内で $T_{90} = T$, $t_{90} = t$ である。

表 H.1 定義定点

番号	定義定点	T_{90} [K]	t_{90} [°C]
1	ヘリウムの蒸気圧点	3〜5	$-270.15 \sim -268.15$
2	平衡水素の三重点	13.8033	-259.3467
3, 4	平衡水素の蒸気圧点または気体温度計点	約 17 と 約 20.3	約 -256.15 と 約 -252.85
5	ネオンの三重点	24.5561	-248.5939
6	酸素の三重点	54.3584	-218.7916
7	アルゴンの三重点	83.8058	-189.3442
8	水銀の三重点	234.3156	-38.8344
9	水の三重点	273.16	0.01
10	ガリウムの融解点	302.9146	29.7646
11	インジウムの凝固点	429.7485	156.5985
12	すずの凝固点	505.078	231.928
13	亜鉛の凝固点	692.677	419.527
14	アルミニウムの凝固点	933.473	660.323
15	銀の凝固点	1234.93	961.78
16	金の凝固点	1337.33	1064.18
17	銅の凝固点	1357.77	1084.62

付録 4 ファンデルワールス気体

ファンデルワールスの状態方程式

$$\left(p + \frac{a}{V^2}\right)(V - b) = RT \tag{H.35}$$

または

$$p = \frac{RT}{V - b} - \frac{a}{V^2} \tag{H.36}$$

---

[*] 補間計器といい、たとえば 13.8033 K から 961.78 K では白金抵抗体が用いられる。

表 H.2 ファンデルワールス定数

気体	a (atm·cm^6/mol^2)	b (cm^3/mol)
He	0.03415×10^6	23.71
Ne	0.2120×10^6	17.10
H$_2$	0.2446×10^6	26.61
Ar	1.301×10^6	30.22
N$_2$	1.346×10^6	38.52
O$_2$	1.361×10^6	32.58
CO	1.486×10^6	39.87
CO$_2$	3.959×10^6	42.69
N$_2$O	3.788×10^6	44.18
H$_2$O	5.468×10^6	30.52
Cl$_2$	6.501×10^6	56.26
SO$_2$	6.707×10^6	56.39

に従う気体について調べよう．

表 H.2 に実在の気体のファンデルワールス定数を示した．

臨界点

第1章-1.5（p.14）で述べたように，臨界温度とは，単調に変化する高温の場合と極大極小をもつ低温の場合とを分ける温度である．臨界温度 T_c では，気体と液体が共存する状態がただ1点だけ存在する．この状態を**臨界点**といい，その圧力と体積をそれぞれ p_c，V_c とする（図 H.8）．臨界温度に対する曲線では，まず臨界点で微分係数が0であるから $\left(\dfrac{\partial p}{\partial V}\right)_T = 0$ であり，また，極大極小をもたずここが変曲点（付録1（p.88））となるから2次の微分係数も0で $\left(\dfrac{\partial^2 p}{\partial V^2}\right)_T = 0$ である．これらを計算するとそれぞれ

$$-\frac{RT}{(V-b)^2} + \frac{2a}{V^3} = 0 \quad \text{(H.37)}$$

および

$$\frac{2RT}{(V-b)^3} - \frac{6a}{V^4} = 0 \quad \text{(H.38)}$$

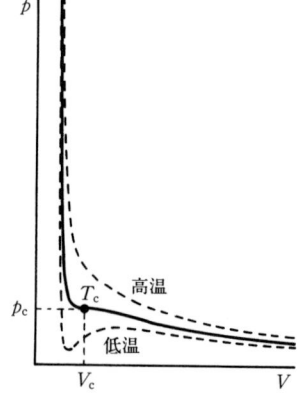

図 H.8 ファンデルワールスの状態方程式

となる.式 (H.36), (H.37), (H.38) より

$$V_c = 3b \tag{H.39}$$

$$T_c = \frac{8a}{27bR} \tag{H.40}$$

$$p_c = \frac{a}{27b^2} \tag{H.41}$$

が得られる.

定積比熱

$$\left(\frac{\partial c_V}{\partial V}\right)_T = \frac{\partial}{\partial V}\left(\frac{\partial U}{\partial T}\right)_V = \frac{\partial}{\partial T}\left(\frac{\partial U}{\partial V}\right)_T \tag{H.42}$$

であるが,第 1 法則 $dU = TdS - pdV$ より

$$\left(\frac{\partial U}{\partial V}\right)_T = T\left(\frac{\partial S}{\partial V}\right)_T - p = T\left(\frac{\partial p}{\partial T}\right)_V - p \tag{H.43}$$

となる.ここで,マクスウェルの関係式(式 (5.24))を用いた.式 (H.43) を (H.42) に代入して

$$\left(\frac{\partial c_V}{\partial V}\right)_T = \frac{\partial}{\partial T}\left\{T\left(\frac{\partial p}{\partial T}\right)_V - p\right\}_T \tag{H.44}$$

を得るが,式 (H.36) より $\left(\frac{\partial p}{\partial T}\right)_V = \frac{R}{V-b}$ であるから

$$\left(\frac{\partial c_V}{\partial V}\right)_T = \frac{\partial}{\partial T}\left(\frac{a}{V^2}\right)_T = 0 \tag{H.45}$$

となる.すなわち,ファンデルワールスの状態方程式に従う気体の定積比熱 c_V は体積に依存せず,温度のみの関数である.

定圧比熱

$$c_p = \left(\frac{\delta Q}{\partial T}\right)_p = \left(\frac{\partial U}{\partial T}\right)_p + p\left(\frac{\partial V}{\partial T}\right)_p$$

$$= \left(\frac{\partial U}{\partial T}\right)_V + \left(\frac{\partial U}{\partial V}\right)_T\left(\frac{\partial V}{\partial T}\right)_p + p\left(\frac{\partial V}{\partial T}\right)_p$$

$$= c_V + \left\{p + \left(\frac{\partial U}{\partial V}\right)_T\right\}\left(\frac{\partial V}{\partial T}\right)_p \tag{H.46}$$

となる.ここで,$dU = \left(\frac{\partial U}{\partial T}\right)_V dT + \left(\frac{\partial U}{\partial V}\right)_T dV$ を用いている.式 (H.43) を用

いると

$$c_p = c_V + T\left(\frac{\partial p}{\partial T}\right)_V \left(\frac{\partial V}{\partial T}\right)_p$$

となるから式 (H.35) と (H.36) を用いて

$$c_p = c_V + \frac{R}{1 - \frac{2a(V-b)^2}{RTV^3}} \tag{H.47}$$

を得る．ここで，$\left(\frac{\partial V}{\partial T}\right)_p$ は $\left(\frac{\partial T}{\partial V}\right)_p$ を計算して逆数をとればよい．

内部エネルギー

$$\begin{aligned}
dU &= \left(\frac{\partial U}{\partial T}\right)_V dT + \left(\frac{\partial U}{\partial V}\right)_T dV \\
&= c_V dT + \left\{T\left(\frac{\partial p}{\partial T}\right)_V - p\right\} dV \quad (\because (\text{H}.43)) \\
&= c_V dT + \frac{a}{V^2} dV \quad (\because (\text{H}.36)) \tag{H.48}
\end{aligned}$$

であるから

$$\begin{aligned}
U &= \int c_V dT + \int \frac{a}{V^2} dV \\
&= c_V T - \frac{a}{V} + U_0 \tag{H.49}
\end{aligned}$$

となる．ただし，c_V は温度に依存しないと仮定している．また，U_0 は積分定数である．

エントロピー

$$\begin{aligned}
dS &= \frac{1}{T} dU + \frac{p}{T} dV \\
&= \frac{c_V}{T} dT + \left(\frac{a}{TV^2} + \frac{p}{T}\right) dV \quad (\because (\text{H}.48)) \\
&= \frac{c_V}{T} dT + \frac{R}{V-b} dV \quad (\because (\text{H}.36)) \tag{H.50}
\end{aligned}$$

であるから

$$S = c_V \log T + R \log(V-b) + S_0 \tag{H.51}$$

となる．ここに，S_0 は積分定数である．

断熱過程の式

式 (H.48) を用いて
$$\delta Q = dU + pdV$$
$$= c_V dT + \frac{a}{V^2} dV + pdV = 0$$

であるから，式 (H.36) を用いて
$$\frac{c_V}{T} dT + \frac{R}{V-b} dV = 0$$

を得る．積分すると
$$c_V \log T + R \log(V-b) = 一定$$

となるから，
$$T^{c_V}(V-b)^R = 一定 \tag{H.52}$$

または
$$\left(p + \frac{a}{V^2}\right)(V-b)^{R/c_V+1} = 一定 \tag{H.53}$$

を得る．

真空中への断熱膨張

$\delta Q = 0$ と $\delta W = 0$ より $dU = 0$ であるから，式 (H.49) より
$$T_2 - T_1 = \frac{a}{c_V}\left(\frac{1}{V_2} - \frac{1}{V_1}\right) \tag{H.54}$$

となる．これより $V_2 > V_1$ であるから $T_2 < T_1$ となり温度が下がる．

付録5 固体の比熱-アインシュタインの理論

第6章-6.2(p.81)において，固体の比熱に対するデュロン-プティの法則(式(6.23))
$$c = 3R \tag{H.55}$$

が低温では合わなくなることを指摘しておいた．アインシュタイン (Einstein, 1879-1955, ドイツ) は量子論の考えを導入して実験とかなりよく合う式を導い

た．

まず，マクスウェルの分布関数((6.40))における運動エネルギーの部分を，一般にどのようなエネルギーでもよいとして一般化すると，系があるエネルギー ε をとる確率は

$$p=\frac{1}{Z}\exp\left[-\frac{\varepsilon}{kT}\right] \tag{H.56}$$

である．ここで，Z は全確率を1にするための規格化の因子である．量子論においては一般にエネルギーはとびとびの値をとるから，n 番目の準位のエネルギーを ε_n とすると，系が n 番目の準位をとる確率は

$$p_n=\frac{\exp(-\varepsilon_n/kT)}{\sum_{i=0}^{\infty}\exp(-\varepsilon_i/kT)} \tag{H.57}$$

となる．この式の規格化の因子

$$Z=\sum_{i=0}^{\infty}\exp(-\varepsilon_i/kT) \tag{H.58}$$

は**分配関数**（partition function）とよばれる．

固体においては原子は結晶格子をつくり，つり合いの位置の付近で振動している．これを格子振動という．固体の内部エネルギーの大部分はこの格子振動のエネルギーで，固体の比熱の主要な部分を与える．

簡単のために，質量 m の単原子分子 N 個からなる固体を考え，各分子はつり合いの位置の付近で x, y, z 方向に同じ振動数 ν で単振動しているものとする．すなわち，固体を $3N$ 個の調和振動子の集まりとみなすのである．量子力学によれば各調和振動子がとるエネルギーは

$$\varepsilon_n=\left(n+\frac{1}{2}\right)h\nu \quad (n=0, 1, 2, \cdots) \tag{H.59}$$

である[*]．ここに，$h=6.626\times 10^{-34}$ J·s は**プランクの定数**（Planck, 1858-1947, ドイツ）といい量子力学において基礎となる定数である．

$\dfrac{1}{kT}=\beta$ とおいて分配関数を計算すると

$$Z=\sum_{i=0}^{\infty}e^{-\varepsilon_i\beta}$$

---

[*] 量子力学の教科書を参照せよ．$n=0$ のときのエネルギー $\dfrac{h\nu}{2}$ を零点エネルギーという．

$$= \sum_{i=0}^{\infty} e^{-(i+1/2)h\nu\beta}$$
$$= e^{-h\nu\beta/2}(1 + e^{-h\nu\beta} + e^{-2h\nu\beta} + \cdots)$$
$$= e^{-h\nu\beta/2} \frac{1}{1 - e^{-h\nu\beta}}$$
$$= \frac{1}{e^{h\nu\beta/2} - e^{-h\nu\beta/2}} \tag{H.60}$$

となる. 次に, エネルギーの平均値

$$\bar{\varepsilon} = \frac{\sum_{i=0}^{\infty} \varepsilon_i e^{-\varepsilon_i \beta}}{Z} = \frac{\sum_{i=0}^{\infty} (i+1/2) h\nu e^{-(i+1/2)h\nu\beta}}{Z} \tag{H.61}$$

を求める. まず, 式 (H.60) を利用して分子を計算すると

$$\sum_{i=0}^{\infty} \left(i + \frac{1}{2}\right) h\nu e^{-(i+1/2)h\nu\beta} = -\frac{\partial}{\partial \beta} \sum_{i=0}^{\infty} e^{-(i+1/2)h\nu\beta}$$
$$= -\frac{\partial}{\partial \beta} \frac{1}{e^{h\nu\beta/2} - e^{-h\nu\beta/2}}$$
$$= \frac{h\nu}{2} \frac{e^{h\nu\beta/2} + e^{-h\nu\beta/2}}{(e^{h\nu\beta/2} - e^{-h\nu\beta/2})^2} \tag{H.62}$$

となるから,

$$\bar{\varepsilon} = \frac{h\nu}{2} \frac{e^{h\nu\beta/2} + e^{-h\nu\beta/2}}{e^{h\nu\beta/2} - e^{-h\nu\beta/2}}$$
$$= \frac{h\nu}{2} \frac{e^{h\nu\beta} + 1}{e^{h\nu\beta} - 1}$$
$$= \frac{h\nu}{2} \left(1 + \frac{2}{e^{h\nu\beta} - 1}\right)$$
$$= \frac{h\nu}{e^{h\nu\beta} - 1} + \frac{h\nu}{2} \tag{H.63}$$

が得られる.

1 モルのエネルギーは N をアボガドロ数として

$$U = 3N\bar{\varepsilon} = \frac{3Nh\nu}{e^{h\nu\beta} - 1} + \frac{3Nh\nu}{2} \tag{H.64}$$

であるから, $N = \frac{R}{k}$ を考慮して比熱は

$$c = \frac{\partial U}{\partial T} = 3R \left(\frac{h\nu}{kT}\right)^2 \frac{e^{h\nu/kT}}{(e^{h\nu/kT} - 1)^2} \tag{H.65}$$

となる．極限値をとることによっても，図 H.9 のグラフによっても，$T \to 0$ のとき $c \to 0$ となり，$T \to \infty$ のとき $c = 3R$ となり，実験結果とかなり合うことが分かる．

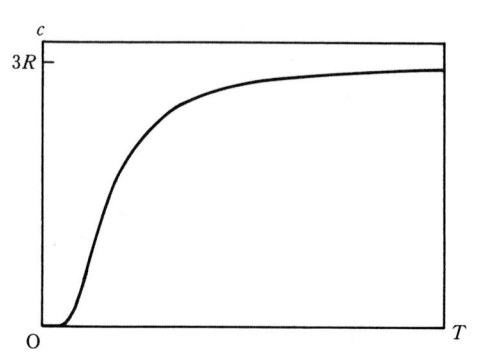

図 H.9 固体の比熱（アインシュタインの理論）

問 題 解 答

章末の問題のくわしい解答を載せる．これは読者の自習の助けとするためである．あくまで自分で解いてみて確認するために使用してほしい．初めから解答を見てしまわないように念願する．とくに熱力学の問題には解答が1種類だけではなく別解がある場合があるので，自分の解答と違っていても自分が間違っていると思ってしまわずに再度検討してほしい．

第1章に関する問題

1.1 $pV=RT$ に $p=1.01325\times10^5\,\mathrm{N\cdot m^{-2}}$, $V=2.241383\times10^{-2}\,\mathrm{m^3}$, $T=273.15\,\mathrm{K}$ を代入して $R=8.31441\,\mathrm{J\cdot mol^{-1}\cdot K^{-1}}$．

1.2 3方向の線膨張率は $\alpha_x=\dfrac{1}{l_x}\left[\dfrac{dl_x}{dT}\right]$, $\alpha_y=\dfrac{1}{l_y}\left[\dfrac{dl_y}{dT}\right]$, $\alpha_z=\dfrac{1}{l_z}\left[\dfrac{dl_z}{dT}\right]$ であるから体膨張率は
$$\beta=\frac{1}{l_xl_yl_z}\left[\frac{d(l_xl_yl_z)}{dT}\right]=\frac{1}{l_xl_yl_z}\left[\frac{dl_x}{dT}l_yl_z+l_x\frac{dl_y}{dT}l_z+l_xl_y\frac{dl_z}{dT}\right]$$
$$=\frac{1}{l_x}\frac{dl_x}{dT}+\frac{1}{l_y}\frac{dl_y}{dT}+\frac{1}{l_z}\frac{dl_z}{dT}=\alpha_x+\alpha_y+\alpha_z.$$

1.3 液体の正しい温度を t, 室温を t_0, 温度計の示度を t', 液面の目盛りを s とする．温度計全体を t にしたとき，水銀の空気中にある部分 $t'-s$ は水銀の見かけの体膨張率を β' として $(t'-s)(t-t_0)\beta'$ だけ膨張するから，示度はこれだけ増す．水銀の体膨張率を β_{Hg}, ガラスの体膨張率を β_{G} とすると $\beta'=\beta_{\mathrm{Hg}}-\beta_{\mathrm{G}}$ である．補正項は小さいので t を t' に置き換えると正しい温度は $t=t'+(t'-s)(t'-t_0)\beta'$ となる．

1.4 体膨張率を β, 0℃のときの体積を v_0 とすると $T[℃]$ のときの体積は $v=v_0(1+\beta T)$ である．密度は体積に反比例するから0℃のときの密度を ρ_0, T℃のときの密度を ρ とすると $\rho_0=\rho(1+\beta T)$ である．したがって，h_1 の部分の密度を ρ_1, h_2 の部分の密度を ρ_2 とすると

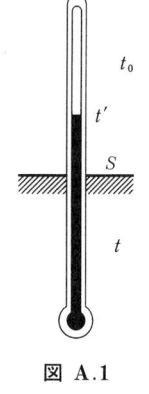

$$\rho_0=\rho_1(1+\beta T_1)=\rho_2(1+\beta T_2) \tag{A.1}$$

図 **A.1**

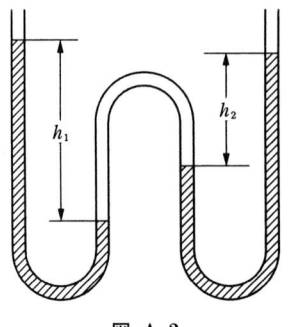

図 A.2 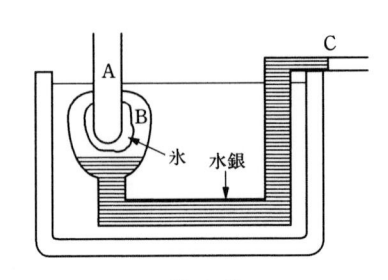　　　　　　　　図 A.3

である．圧力のつりあいを考えると，h_1 の部分の質量と h_2 の部分の質量が等しいから，

$$\rho_1 h_1 = \rho_2 h_2. \tag{A.2}$$

式 (A.1) と (A.2) より ρ_1 と ρ_2 を消去し，β を求めると $\beta = \dfrac{h_1 - h_2}{h_2 T_1 - h_1 T_2}$. (これは真の膨張率である．)

1.5 解けた氷を x[g] とすると $1.09085x - 1.00015x = 15 \times 10^{-3}$.

∴ $x = \dfrac{15 \times 10^{-3}}{1.09085 - 1.00015}$. 固体が吸収した熱量が氷の融解熱に等しいから $1 \times c \times (150 - 0) = 80x$. x を代入して $c = 0.088 \mathrm{cal/g \cdot K}$.

1.6 温度が T' のとき，微小時間 $d\tau$ の間に容器を通って出ていく熱量は $\delta Q = \lambda S \dfrac{T' - T}{d} d\tau$. このとき液体の温度が dT' 下がったとすると $\delta Q = -mcdT'$ であるから $\lambda S \dfrac{T' - T}{d} d\tau = -mcdT'$. これより $\dfrac{dT'}{T' - T} = -\dfrac{\lambda S}{mcd} d\tau$. T' について T_0 から T' まで，τ について 0 から τ まで積分すると $\log(T' - T) - \log(T_0 - T) = -\dfrac{\lambda S}{mcd} \tau$ となるから $T' = T + (T_0 - T) \exp\left[-\dfrac{\lambda S}{mcd} \tau\right]$.

第 2 章に関する問題

2.1 比熱の定義より t[°C] における比熱は $c = \dfrac{dQ}{dt} = c_1 + 2c_2 t$.

0°C から t_1[°C] と t_2[°C] まで熱するために必要な熱量はそれぞれ $Q_1 = c_1 t_1 + c_2 t_1^2$, $Q_2 = c_1 t_2 + c_2 t_2^2$ である．t_1[°C] から t_2[°C] まで熱するために必要な熱量は $Q_2 - Q_1$[J] であるから，平均の比熱は

$$\bar{c} = \dfrac{Q_2 - Q_1}{t_2 - t_1} = c_1 + c_2(t_1 + t_2).$$

2.2 吸収した熱は $Q = 4.19 \times 100 \times (30-20) = 4.19 \times 10^3$ J,体積の変化は $\Delta V = 100/0.99565 - 100/0.99820 = 0.2566\,\text{cm}^3 = 2.566 \times 10^{-7}\,\text{m}^3$ であるから,外部にした仕事は $p\Delta V = (1.013 \times 10^5) \times 2.566 \times 10^{-7} = 2.599 \times 10^{-2}$ J. 熱力学第1法則より $\Delta U = Q - p\Delta V = 4.19 \times 10^3$ J.

このように,液体や固体の場合は体積の変化が小さいので与えた熱はほとんど内部エネルギーとなり,外部に対する仕事は無視できる.

2.3 等温過程であるから $pV = nRT$(一定). 外部にした仕事は
$$W = \int_{V_A}^{V_B} p\,dV = nRT \int_{V_A}^{V_B} \frac{1}{V} dV = nRT \log \frac{V_B}{V_A} = p_A V_A \log \frac{V_B}{V_A}.$$

理想気体の内部エネルギーは温度だけの関数である.いまの場合温度は一定だから内部エネルギーの変化はない.したがって,熱力学第1法則から吸収した熱量は外部にした仕事に等しい.

2.4 最初の圧力と体積をそれぞれ p_0, V_0 とすると $p_0 V_0 = RT_0$. 温度が2倍になっても圧力は変わらないから体積が V になったとすると,気体の圧力は大気圧とピストンの重力との和とつねにつりあっているから $p_0 V = R(2T_0)$.
$\therefore\ V = \dfrac{2RT_0}{p_0}$. したがって,仕事は $\int_{V_0}^{V} p_0\,dV = p_0(V - V_0) = p_0 \left[\dfrac{2RT_0}{p_0} - \dfrac{RT_0}{p_0} \right] = RT_0$.

2.5 空気の質量を m[kg] とすると熱量は $Q = mc_V(T_2 - T_1) = (1.25 \times 27) \times 717 \times (20-0) = 4.84 \times 10^5$ J $= 116$ kcal. 等積過程だから体積の変化はないので外部に仕事をしない.したがって,熱力学第1法則から内部エネルギーの変化は吸収した熱量に等しい.

2.6 等圧過程であるから,空気の質量を m,等圧比熱を c_p とすると吸収した熱量は $Q = mc_p(T_2 - T_1)$. $\gamma = \dfrac{c_p}{c_V}$ より $Q = m\gamma c_V(T_2 - T_1)$. これに数値を代入して,$Q = (1.25 \times 27) \times 1.4 \times 717 \times (20-0) = 6.77 \times 10^5$ J $= 162$ kcal. 20℃のときの体積は $27 \times \dfrac{293}{273} = 28.98\,\text{m}^3$ となるから,体積の変化は $28.98 - 27.00 = 1.98\,\text{m}^3$. したがって,外部にした仕事は $p\Delta V = (1.013 \times 10^5) \times 1.97 = 2.01 \times 10^5$ J. 内部エネルギーの変化は熱力学第1法則より $\Delta U = Q - p\Delta V = 6.77 \times 10^5 - 2.01 \times 10^5 = 4.78 \times 10^5$ J.

2.7 これは,圧力 p が一定で,部屋の温度が変わると,中の空気の質量が変わる場合である.温度 T のとき,部屋に残っている空気の質量を m,空気の分子量を M とすると $pV = \dfrac{m}{M} RT$ であるから $m = \dfrac{MpV}{RT}$. 最初と最後の温度をそれぞれ T_1, T_2 とすると,熱量は $Q = \int_{T_1}^{T_2} m\gamma c_V\,dT = \dfrac{\gamma c_V MpV}{R} \int_{T_1}^{T_2} \dfrac{1}{T} dT = \gamma c_V m_1 T_1 \log \dfrac{T_2}{T_1}$. ここに,$m_1$ は最初の空気の質量である.数値を代入して $Q = 1.4 \times 717 \times (1.25 \times 27) \times$

$273 \times \log \dfrac{293}{273} = 6.54 \times 10^5 \, \text{J} = 156 \, \text{kcal}.$

2.8 $d(pV) = pdV + Vdp$ より $pdV = d(pV) - Vdp$ を式 (2.16) に代入すると. $\delta Q = c_v dT + d(pV) - Vdp$. 理想気体の状態方程式 $pV = RT$ を代入すると $\delta Q = c_v dT + d(RT) - Vdp = (c_v + R)dT - Vdp = c_p dT - Vdp.$

2.9 最初と最後の体積と温度をそれぞれ V_1, T_1, V_2, T_2 とすると, $n[\text{mol}]$ について $pV_1 = nRT_1$, $pV_2 = nRT_2$. 与えた熱量は, 定圧比熱を c_p として $Q = nc_p(T_2 - T_1)$. 膨張によって外部になされる仕事は $W = p(V_2 - V_1)$.

$\therefore \quad \dfrac{W}{Q} = \dfrac{p(V_2 - V_1)}{nc_p(T_2 - T_1)} = \dfrac{R}{c_p} = 1 - \dfrac{1}{\gamma}.$

ここで, マイヤーの関係式 $c_p - c_v = R$ を用いた.

2.10 $n[\text{mol}]$ について内部エネルギーの変化量は $\Delta U = nc_v \Delta T$. 圧力一定であるから $pV = nRT$ より $p\Delta V = nR\Delta T$. $\therefore \dfrac{\Delta U}{\Delta V} = \dfrac{c_v p}{R} = $ 一定. 理想気体の場合 U は T に比例するから $pV = nRT$ より V にも比例する.

2.11 断熱過程であるから $pV^\gamma = k$(一定). 外部にする仕事は

$W = \int_{V_1}^{V_2} pdV = \int_{V_1}^{V_2} \dfrac{k}{V^\gamma} dV = \dfrac{k}{1-\gamma}(V_2^{1-\gamma} - V_1^{1-\gamma}) = \dfrac{1}{1-\gamma}(p_2 V_2 - p_1 V_1)$

$= \dfrac{R}{1-\gamma}(T_2 - T_1) = -c_v(T_2 - T_1) = -\Delta U.$

$\left[\because \gamma = \dfrac{c_p}{c_v}, \quad R = c_p - c_v \right]$

2.12 コックを開いている時間は短いので, この間は熱の出入りがなく断熱過程とみなすと, 容器内の気体の単位質量あたりの体積が V_1 から V_0 に変わったとして $p_0 V_0^\gamma = p_1 V_1^\gamma$. 最初と最後の状態は大気の温度と等しいのだから, 状態方程式より $p_2 V_0 = p_1 V_1$. この2式より $\dfrac{p_1}{p_0} = \left[\dfrac{V_0}{V_1}\right]^\gamma = \left[\dfrac{p_1}{p_2}\right]^\gamma$. $\therefore \gamma = \dfrac{\log(p_1/p_0)}{\log(p_1/p_2)}.$

2.13 高温熱源の温度と吸収した熱量をそれぞれ T_1, Q_1, 低温熱源の温度と放出した熱量をそれぞれ T_1, Q_2 とすると $\dfrac{|Q_2|}{Q_1} = \dfrac{T_2}{T_1}$ であるから, これより

$|Q_2| = Q_1 \times \dfrac{T_2}{T_1}.$ $Q_1 = 0.1 \times 540 \, \text{kcal}$, $T_1 = 373$ K, $T_2 = 273$ K であるから $|Q_2| = 54 \times \dfrac{273}{373}$ kcal. これより, 氷になった水の量は $\dfrac{|Q_2|}{80} = 54 \times \dfrac{273}{373} \times \dfrac{1}{80} = 0.494 \cdots = 0.49 \, \text{kg}.$

2.14 サイクルであるから一周すると内部エネル

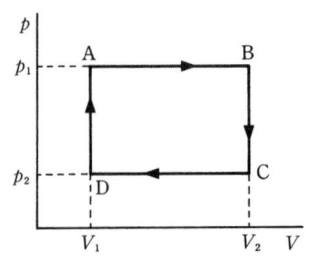

図 **A.4**

ギーはもとに戻るから，吸収した熱量は外部にした仕事の絶対値に等しい：
$$Q = W = p_1(V_2 - V_1) + p_2(V_1 - V_2)$$
$$= (p_1 - p_2)(V_2 - V_1).$$

理想気体の場合，定積比熱と定圧比熱をそれぞれ c_V, c_p, 状態 A, B, C, D の温度をそれぞれ T_A, T_B, T_C, T_D とすると

$$Q = c_p(T_B - T_A) + c_V(T_C - T_B) + c_p(T_D - T_C) + c_V(T_A - T_D)$$
$$= (c_p - c_V)(T_B - T_A + T_D - T_C)$$
$$= \frac{c_p - c_V}{R}(p_1 V_2 - p_1 V_1 + p_2 V_1 - p_2 V_2)$$
$$= \frac{c_p - c_V}{R}(p_1 - p_2)(V_2 - V_1).$$

上式と比べて $c_p - c_V = R$.

2.15 (a) $p_1 V_1 = mRT_1$ より $m = \dfrac{p_1 V_1}{RT_1}$.

(b) B 点：等温変化だから A 点と同じ．∴ T_1.

C 点：B 点で $p_2 V_2 = mRT_1$, C 点の温度を T_2 とすると $p_2 V_1 = mRT_2$. これらより $T_2 = \dfrac{V_1}{V_2} T_1$.

(c) B → C : $p_2 V = mRT$ より
$$T = \frac{p_2}{mR} V = \frac{T_1}{V_2} V.$$
C → A : $pV_1 = mRT$ より $T = \dfrac{V_1}{mR} p = \dfrac{T_1}{p_1} p$.

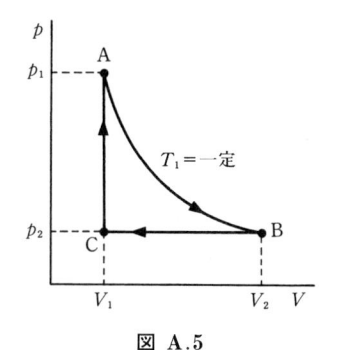

図 A.5

(d) A → B : $\Delta W_{A \to B} = -\displaystyle\int_{V_1}^{V_2} p dV = -\int_{V_1}^{V_2} \frac{mRT_1}{V} dV$
$$= -mRT_1 \Big[\log V\Big]_{V_1}^{V_2} = -p_1 V_1 \log \frac{V_2}{V_1} \quad (<0)$$
(外部に仕事をする．)

B → C : $\Delta W_{B \to C} = -\displaystyle\int_{V_2}^{V_1} p dV = -p_2 \int_{V_2}^{V_1} dV$
$$= -\frac{p_1 V_1}{V_2}(V_1 - V_2) = p_1 V_1 \Big[1 - \frac{V_1}{V_2}\Big] \quad (>0)$$
(外部から仕事をされる．)

C → A : 体積が変化しないから仕事は 0．

(e) A → B : 等温変化だから内部エネルギーは変化しない．したがって，熱の出入りは仕事に等しい．∴ $\Delta Q_{A \to B} = \Delta W_{A \to B} = p_1 V_1 \log \dfrac{V_2}{V_1}$ (>0). (外部に仕事をし

ているから熱を吸収する．）

B→C：1原子分子だから定圧比熱は $c_p = \dfrac{5}{2} mR$．したがって，熱の出入りは

$$\Delta Q_{B \to C} = \dfrac{5}{2} mR(T_2 - T_1) = -\dfrac{5}{2} p_1 V_1 \left(1 - \dfrac{V_1}{V_2}\right) \quad (<0) \quad (熱を放出する).$$

C→A：1原子分子だから定積比熱は $c_V = \dfrac{3}{2} mR$．したがって，熱の出入りは

$$\Delta Q_{C \to A} = \dfrac{3}{2} mR(T_1 - T_2) = \dfrac{3}{2} p_1 V_1 \left(1 - \dfrac{V_1}{V_2}\right) \quad (>0) \quad (熱を吸収する).$$

(f) A→B：等温変化だから内部エネルギーは変化しない．

B→C： $\Delta U_{B \to C} = \Delta Q_{B \to C} + \Delta W_{B \to C} = -\dfrac{3}{2} p_1 V_1 \left(1 - \dfrac{V_1}{V_2}\right)$．

C→A： $\Delta U_{C \to A} = \Delta Q_{C \to A} = \dfrac{3}{2} p_1 V_1 \left(1 - \dfrac{V_1}{V_2}\right)$．

第 3 章に関する問題

3.1 可逆であれば低温から高温へ熱を移動させ，他に何の変化も残さないようにすることができることになるが，これはクラウジウスの原理に反する．

3.2 図 A.6 のように，2 つの断熱曲線 a と b が C で交わり，それらに 1 つの等温曲線 c が A と B で交わっているとする．（等温曲線の方が断熱曲線よりも傾きがゆるやかなので，このことは可能である．）A→B→C→A というサイクルを考えると，これは，ABC で囲まれた面積の仕事 W を外部にする．一方，熱を吸収するのは A→B の過程のみである．吸収した熱を Q とすると，1 サイクルの後内部エネルギーの変化は 0 だから $Q + W = 0$．∴ $W = -Q$．

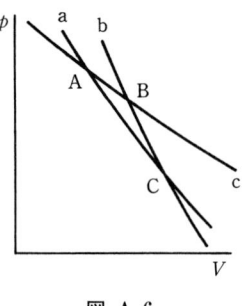

図 A.6

$Q > 0$ であれば $W < 0$ となり，吸収した熱をすべて外部に対する仕事に変えたことになりトムソンの原理に反する．また，$Q < 0$ のときはこのサイクルを逆に回せば同じ議論になる．

3.3 高温熱源と低温熱源の最初の温度をそれぞれ T_1, T_2, 最初と最後の効率をそれぞれ η_1, η_2 とすると $\eta_1 = \dfrac{T_1 - T_2}{T_1} = 0.2$, $\eta_1 = \dfrac{(T_1 + 40) - T_2}{T_1 + 40} = 0.24$ より $T_1 = 760\,\mathrm{K} = 487°\mathrm{C}$, $T_2 = 608\,\mathrm{K} = 335°\mathrm{C}$.

3.4 燃焼させるとき発生する熱量は 1 kg あたり 8000 kcal である。これを電力に変えたときのエネルギーは $8000 \times 0.3 = 2400$ kcal である。このエネルギーで，大気を低温熱源，室内を高温熱源とする逆カルノーサイクルをはたらかせるとする。カルノーサイクルの効率 $\dfrac{|W|}{Q_1} = \dfrac{T_1 - T_2}{T_1}$ より $Q_1 = |W| \dfrac{T_1}{T_1 - T_2} = \dfrac{298}{25} \times 2400 = 2.86 \times 10^4$ kcal/kg。したがって，電力に変えた方が効率がよい。

3.5 $\eta = \dfrac{|W|}{Q_1} \leq \dfrac{T_1 - T_2}{T_1}$ より，$T_1 = 527°C = 800$ K，$T_2 = 127°C = 400$ K であるから，1 秒間に $Q_1 \geq |W| \times \dfrac{T_1}{T_1 - T_2} = 1.5 \times 10^3 \times \dfrac{800}{800 - 400} = 3.0 \times 10^3$ J/s = 716 cal/s。また $|Q_2| = Q_1 - |W| \geq 3.0 \times 10^3 - 1.5 \times 10^3 = 1.5 \times 10^3$ J/s = 358 cal/s。

3.6 $\eta = \dfrac{|W|}{Q_1} \leq \dfrac{T_1 - T_2}{T_1}$ より $|W| \leq Q_1 \dfrac{T_1 - T_2}{T_1}$。$T_1 = 500°C = 773$ K，$T_2 = 100°C = 373$ K であるから $|W| \leq 8000 \times \left(\dfrac{773 - 373}{773}\right) = 4140$ kcal $= 1.73 \times 10^7$ J。また，$|Q_2| = Q_1 - |W| \geq 8000 - 4140 = 3860$ kcal $= 1.62 \times 10^7$ J。

3.7 部屋へ移す熱量を Q_1，水から奪う熱量を Q_2，仕事を W とすると，第1法則より $Q_1 + Q_2 + W = 0$。また，部屋の温度を T_1，冷凍機の温度を T_2 とすると，式 (3.27) より $\dfrac{Q_1}{T_1} + \dfrac{Q_2}{T_2} \leq 0$。$W > 0$，$Q_2 > 0$ であるからこれらより

$$W \geq \dfrac{T_1 - T_2}{T_2} Q_2 = \dfrac{30}{273} \times 80 \times 10^2 = 8.79 \times 10^3 \text{ cal} = 3.68 \times 10^4 \text{ J}.$$

第 4 章に関する問題

4.1 熱容量が等しいから式 (1.5) より最後の温度は $T = \dfrac{T_1 + T_2}{2}$。最初の温度 T_1 の物体のエントロピーの変化は $\varDelta S_1 = \displaystyle\int_{T_1}^{T} \dfrac{\delta Q}{T} = \int_{T_1}^{T} \dfrac{c dT}{T} = c \log \dfrac{T}{T_1}$。最初の温度 T_2 の物体のエントロピーの変化は同様にして $\varDelta S_2 = c \log \dfrac{T}{T_2}$。全体の変化は $\varDelta S = \varDelta S_1 + \varDelta S_2 = c \log \dfrac{T^2}{T_1 T_2} = c \log \dfrac{(T_1 + T_2)^2}{4 T_1 T_2} > 0 \quad (\because \quad (T_1 + T_2)^2 > 4 T_1 T_2)$ したがって，この過程は不可逆過程である。

4.2 温度 T_0 を基準にとると混合前の状態（Aとする）のエントロピーは，それぞれ $S_{1A} = \displaystyle\int_{T_0}^{T_1} \dfrac{\delta Q}{T} = C_1 \int_{T_0}^{T_1} \dfrac{dT}{T} = C_1 \log \dfrac{T_1}{T_0}$，$S_{2A} = \displaystyle\int_{T_0}^{T_2} \dfrac{\delta Q}{T} = C_2 \int_{T_0}^{T_2} \dfrac{dT}{T} = C_2 \log \dfrac{T_2}{T_0}$ であるから，全体では $S_A = S_{1A} + S_{2A} = C_1 \log T_1 + C_2 \log T_2 - (C_1 + C_2) \log T_0$。また混合後の状態（Bとする）の温度は (1.5) より $T_m = \dfrac{C_1 T_1 + C_2 T_2}{C_1 + C_2}$ であるから，状態

Bのエントロピーは、それぞれ $S_{1B} = \int_{T_0}^{T_m} \frac{\delta Q}{T} = C_1 \int_{T_0}^{T_m} \frac{dT}{T} = C_1 \log \frac{T_m}{T_0}$, $S_{2B} = \int_{T_0}^{T_m} \frac{\delta Q}{T} = C_2 \int_{T_0}^{T_m} \frac{dT}{T} = C_2 \log \frac{T_m}{T_0}$ となり，全体では $S_B = S_{1B} + S_{2B} = (C_1 + C_2) \log T_m - (C_1 + C_2) \log T_0$. したがって，エントロピーの変化は $S_B - S_A = (C_1 + C_2) \log T_m - (C_1 \log T_1 + C_2 \log T_2) > 0$ となり，不可逆変化であることが分かる．

(図 A.7 を参照することにより $\log T_m > \dfrac{C_1 \log T_1 + C_2 \log T_2}{C_1 + C_2}$ であることが分かるであろう．)

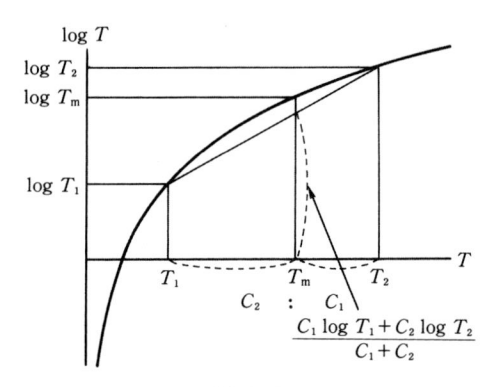

図 A.7

4.3 $\delta Q = c_V dT + p dV$ (式 (2.16)) より体積一定の場合 $\delta Q = c_V dT$．また，圧力一定の場合は問題 2.8 の結果 $\delta Q = c_p dT - V dp$ より $\delta Q = c_p dT$．エントロピーの増加は $\Delta S = \int_{T_1}^{T_2} \frac{\delta Q}{T}$ であるから，圧力一定の場合が体積一定の場合より $\frac{c_p}{c_V} = \gamma$ 倍大きい．T_1 と T_2 はそれぞれ最初と最後の温度である．

4.4 (a) $\Delta S = \dfrac{Q}{T} = \dfrac{80}{273} = 0.293 \, \text{kcal/K}$.

(b) $\Delta S = c \log \dfrac{T_2}{T_1} = 1 \times \log \dfrac{373}{273} = 0.312 \, \text{kcal/K}$.

(c) $\Delta S = \dfrac{Q}{T} = \dfrac{540}{373} = 1.45 \, \text{kcal/K}$.

4.5 空気の質量を $m[\text{g}]$ とすると，エントロピーの変化は $\Delta S = m c_V \log \dfrac{T_2}{T_1} + \dfrac{m}{M} R \log \dfrac{V_2}{V_1}$ であるから，$m = 1000 \, \text{g}$, $c_V = 0.72 \, \text{J} \cdot \text{g}^{-1} \cdot \text{K}^{-1}$, $M = 29$ を代入して $\Delta S = 1000 \times 0.72 \times \log \dfrac{273}{373} + \dfrac{1000}{29} \times 8.31 \times \log \dfrac{0.5}{1} = -423 \, \text{J} \cdot \text{K}^{-1} = -101 \, \text{cal} \cdot \text{K}^{-1}$.

第 5 章に関する問題

5.1 第 1 法則 $dU = TdS - pdV$ より

$$\left(\frac{\partial U}{\partial V}\right)_T = T\left(\frac{\partial S}{\partial V}\right)_T - p = T\left(\frac{\partial p}{\partial T}\right)_V - p = Tf(V) - p = 0.$$

5.2 第 1 法則 $\delta Q = dU + pdV$ を用いると,定圧比熱は $c_p = \left(\frac{\delta Q}{\partial T}\right)_p = \left(\frac{\partial U}{\partial T}\right)_p + p\left(\frac{\partial V}{\partial T}\right)_p$. U の全微分 $dU = \left(\frac{\partial U}{\partial T}\right)_V dT + \left(\frac{\partial U}{\partial V}\right)_T dV$ より, $\left(\frac{\partial U}{\partial T}\right)_p = \left(\frac{\partial U}{\partial T}\right)_V + \left(\frac{\partial U}{\partial V}\right)_T \left(\frac{\partial V}{\partial T}\right)_p$, および $c_V = \left(\frac{\partial U}{\partial T}\right)_V$ を代入すれば第 1 式を得る. さらに, $dU = TdS - pdV$ より $\left(\frac{\partial U}{\partial V}\right)_T = T\left(\frac{\partial S}{\partial V}\right)_T - p = T\left(\frac{\partial p}{\partial T}\right)_V - p$ となるから, 代入すれば最後の式を得る. ここで, マクスウェルの関係式 $\left(\frac{\partial S}{\partial V}\right)_T = \left(\frac{\partial p}{\partial T}\right)_V$ を用いた.

理想気体の場合は $pV = RT$ を用いて $\left(\frac{\partial p}{\partial T}\right)_V = \left(\frac{\partial}{\partial T}\frac{RT}{V}\right)_V = \frac{R}{V}$, $\left(\frac{\partial V}{\partial T}\right)_p = \left(\frac{\partial}{\partial T}\frac{RT}{p}\right)_p = \frac{R}{p}$ であるから, 第 2 式に代入すると $c_p = c_V + R$.

5.3 S を T と V の関数と考えると $dS = \left(\frac{\partial S}{\partial T}\right)_V dT + \left(\frac{\partial S}{\partial V}\right)_T dV$. $c_V = \left(\frac{\delta Q}{\partial T}\right)_V = T\left(\frac{\partial S}{\partial T}\right)_V$ と, マクスウェルの関係式 $\left(\frac{\partial S}{\partial V}\right)_T = \left(\frac{\partial p}{\partial T}\right)_V$ を代入すると $dS = \frac{c_V}{T}dT + \left(\frac{\partial p}{\partial T}\right)_V dV$. また, S を T と p の関数と考えると $dS = \left(\frac{\partial S}{\partial T}\right)_p dT + \left(\frac{\partial S}{\partial p}\right)_T dp$. $c_p = \left(\frac{\delta Q}{\partial T}\right)_p = T\left(\frac{\partial S}{\partial T}\right)_p$ と, マクスウェルの関係式 $\left(\frac{\partial S}{\partial p}\right)_T = -\left(\frac{\partial V}{\partial T}\right)_p$ を代入すると $dS = \frac{c_p}{T}dT - \left(\frac{\partial V}{\partial T}\right)_p dp$.

5.4 定積比熱:$\left(\frac{\partial c_V}{\partial V}\right)_T = \frac{\partial}{\partial T}\left\{T\left(\frac{\partial p}{\partial T}\right)_V - p\right\}_T = 0$ であるから, c_V は体積に依存しない.

定圧比熱:$c_p = c_V + T\left(\frac{\partial p}{\partial T}\right)_V \left(\frac{\partial V}{\partial T}\right)_p = c_V + R\frac{\left(1+\frac{B}{V}\right)^2}{1+\frac{2B}{V}}$

内部エネルギー:$dU = c_V dT + \left\{T\left(\frac{\partial p}{\partial T}\right)_V - p\right\}dV = c_V dT$ ($\because \{\ \} = 0$)

$\therefore\ U = c_V T + U_0$ (U_0 は積分定数.)

エントロピー:$dS = \frac{1}{T}dU + \frac{p}{T}dV = \frac{c_V}{T}dT + \frac{R}{V}\left(1+\frac{B}{V}\right)dV$

$$\therefore \quad S = c_V \log T + R \log V - \frac{RB}{V} + S_0 \quad (S_0 \text{は積分定数})$$

断熱過程の式：上の内部エネルギーの式と式 (5.53) より $\delta Q = dU + pdV = c_V dT + \frac{RT}{V} dV + \frac{RTB}{V^2} dV = 0$ を積分して $c_V \log T + R \log V - \frac{RB}{V} = $ 一定となるから，これより $T^{c_V} V^R \exp\left(-\frac{RB}{V}\right) = $ 一定 を得る．

5.5 クラペイロン-クラウジウスの式 $\frac{\Delta p}{\Delta T} = \frac{L}{T(V_2 - V_1)}$ より

$$\Delta T = \frac{T(V_2 - V_1)}{L} \Delta p = \frac{273(1 \times 10^{-6} - 1.091 \times 10^{-6})}{80 \times 4.19} \times 1.013 \times 10^6$$
$$= -0.0075°\text{C}.$$

第 6 章に関する問題

6.1 式 (6.7) より $\varepsilon = \frac{1}{2} m \overline{v^2} = \frac{3}{2} kT = \frac{3}{2} \times 1.381 \times 10^{-23} \times (273+15) = 5.97 \times 10^{-2}$ J．

6.2 式 (6.43) より 50°C において $\bar{v} = \frac{2}{\sqrt{\pi}} \sqrt{\frac{2RT}{M}} = 462 \,\text{m/s}$, 100°C において 497 m/s．

6.3 速度の x 成分 u のゆらぎ Δu は u の平均値 $\bar{u}$ が 0 であることを考慮すると $\Delta u = \sqrt{\overline{(u-\bar{u})^2}} = \sqrt{\overline{u^2 - 2u\bar{u} + \bar{u}^2}} = \sqrt{\overline{u^2} - \bar{u}^2} = \sqrt{\overline{u^2}}$ となるから，式 (6.36) と (6.37) より $\sqrt{\frac{kT}{m}} = \sqrt{\frac{RT}{M}}$．

6.4 速さのゆらぎは $\Delta v = \sqrt{\overline{(v-\bar{v})^2}} = \sqrt{\overline{v^2} - \bar{v}^2}$ に $\overline{v^2} = \frac{3kT}{m} = \frac{3RT}{M}$ と $\bar{v} = \frac{2}{\sqrt{\pi}} \sqrt{\frac{2RT}{M}}$ を代入して $\Delta v = \sqrt{\frac{kT}{m}\left(3 - \frac{8}{\pi}\right)} = 0.673 \sqrt{\frac{kT}{m}} = 0.673 \sqrt{\frac{RT}{M}}$．

索　引

ア
アインシュタイン ………………… *103*

イ
位相空間 …………………………… *59*

エ
エネルギー等分配の法則 ………… *80*
エネルギーと仕事の関係 ………… *97*
エネルギー保存則 ………………… *3*
エルゴード仮説 …………………… *59*
エンタルピー ……………………… *63*
エントロピー ……………………… *46*
エントロピー増大の法則 ………… *49*

オ
温　度 ……………………………… *10*
温度定点 …………………………… *10*

カ
可逆過程 …………………………… *33*
確　率 ……………………………… *53, 93*
カ　氏 ……………………………… *10*
カマリング-オネス ………………… *76*
カルノー …………………………… *4*
カルノーサイクル ………………… *4, 26*
カルノーサイクルの効率 ………… *30*
カロリー …………………………… *4*

キ
気体定数 …………………………… *12*

気体分子運動論 …………………… *77*
ギブスの自由エネルギー ………… *65*
共通部分 …………………………… *94*
巨視的 ……………………………… *8*
巨視的体系 ………………………… *8*

ク
クラウジウス ……………………… *4*
クラウジウスの原理 ……………… *34*
クラウジウスの不等式 …………… *42*
クラペイロン-クラウジウスの式 … *72*

ケ
ケルビン …………………………… *11*
元 …………………………………… *94*

コ
効　率 ……………………………… *3*
国際温度目盛 ……………………… *11, 99*
孤立系 ……………………………… *10*
根元事象 …………………………… *92*

サ
サイクル …………………………… *17*
細孔栓の実験 ……………………… *22*
作業物質 …………………………… *17*
三重点 ……………………………… *98*

シ
示強変数 …………………………… *11*
仕　事 ……………………………… *18*
事　象 ……………………………… *93*

集 合 … 94
自由膨張 … 21
自由膨張の実験 … 21
ジュール … 3, 18
ジュール-トムソン効果 … 23
準静的過程 … 16
蒸気機関 … 2
状態図 … 73
状態方程式 … 12
状態量 … 11
示量変数 … 11

ス

スターリングの公式 … 54

セ

セ氏 … 10
絶対温度 … 11
全微分 … 91
線膨張率 … 5

ソ

相図 … 73
相平衡 … 71

タ

第1種永久機関 … 3
第2種永久機関 … 3
体膨張率 … 5
対流 … 7
断熱過程 … 17, 25

テ

定圧比熱 … 24
ディーゼル … 4
ディーゼル機関 … 4
定積比熱 … 23
定積分 … 89

デュロン-プティの法則 … 81
伝導 … 7

ト

等エントロピー過程 … 51
等温過程 … 17, 25
導関数 … 87
統計力学 … 9
等重率の原理 … 59
独立事象 … 53, 96
トムソン … 4
トムソンの原理 … 34

ナ

内部エネルギー … 18

ニ

ニューコメン … 2

ネ

熱運動 … 2
熱機関 … 2
熱機関の効率 … 36
熱源 … 17
熱効率 … 3
熱伝導率 … 7
熱の仕事当量 … 18
熱平衡 … 10, 69
熱平衡状態 … 10
熱容量 … 6, 23
熱力学 … 2
熱力学温度 … 11, 38
熱力学過程 … 16
熱力学関係式 … 62
熱力学関数 … 62
熱力学第1法則 … 3, 18
熱力学第3法則 … 60
熱力学第0法則 … 10

索　引

熱力学第2法則	*4, 33*
熱　量	*2, 18*
熱量の保存	*6*

ハ

排反事象	*53, 95*
馬　力	*3*

ヒ

ヒートポンプ	*29*
微視的	*8*
比　熱	*6, 23*
比熱比	*25, 79*
微　分	*87*
微分係数	*87*

フ

ファンデルワールス	*12*
ファンデルワールスの状態方程式	*12*
不可逆過程	*33*
不可逆性	*8*
プランクの定数	*104*
分配関数	*104*

ヘ

ヘルムホルツ	*3*
ヘルムホルツの自由エネルギー	*64*
変曲点	*89*
偏導関数	*90*
偏微分係数	*90*

ホ

放　射	*7*
膨張率	*5*
保存力	*45, 97*
ポテンシャル	*45, 98*
ボルツマン	*10*

マ

マイヤー	*3*
マイヤーの関係式	*24*
マクスウェル	*10*
マクスウェルの関係式	*68*
マクスウェルの直線	*13, 74*
マクスウェルの分布関数	*84*
マクスウェル-ボルツマンの分布関数	*84*

ユ

ゆらぎ	*56*

ラ

ラヴォアジエ	*1*
ランフォード	*2*

リ

理想気体の状態方程式	*12*
臨界温度	*14, 100*
臨界点	*14, 100*

ル

ルジャンドル変換	*65*

レ

冷凍機	*29*

ワ

和集合	*94*
ワット	*3*

〈著者紹介〉

國友正和（くにとも　まさかず）

1969年　京都大学大学院理学研究科博士課程修了・理学博士
現　在　神戸大学名誉教授
著　書　基礎物理学Ⅰ(共著)，共立出版 (1984)
　　　　基礎物理学Ⅱ(共著)，共立出版 (1985)
　　　　基礎物理学演習(共著)，共立出版 (1986)

基礎 熱力学	著　者	國友正和　© 2000

2000年9月15日　初版1刷発行
2025年2月15日　初版13刷発行

発行者　南條光章

発　行　共立出版株式会社
東京都文京区小日向4丁目6番19号
電話　東京(03)3947-2511番（代表）
郵便番号112-0006
振替口座 00110-2-57035番
URL　www.kyoritsu-pub.co.jp

印　刷　中央印刷
製　本　協栄製本

検印廃止
NDC 426.5

ISBN 978-4-320-03349-8

一般社団法人
自然科学書協会
会　員

Printed in Japan

JCOPY　〈出版者著作権管理機構委託出版物〉

本書の無断複製は著作権法上での例外を除き禁じられています．複製される場合は，そのつど事前に，出版者著作権管理機構（TEL：03-5244-5088，FAX：03-5244-5089，e-mail：info@jcopy.or.jp）の許諾を得てください．

物理学の諸概念を色彩豊かに図像化！ ≪日本図書館協会選定図書≫

カラー図解 物理学事典

Hans Breuer [著]　Rosemarie Breuer [図作]

杉原　亮・青野　修・今西文龍・中村快三・浜　満 [訳]

ドイツ Deutscher Taschenbuch Verlag 社の『dtv-Atlas 事典シリーズ』は、見開き2ページで一つのテーマ（項目）が完結するように構成されている。右ページに本文の簡潔で分かり易い解説を記載し、左ページにそのテーマの中心的な話題を図像化して表現し、本文と図解の相乗効果で、より深い理解を得られように工夫されている。これは、類書には見られない『dtv-Atlas 事典シリーズ』に共通する最大の特徴と言える。本書は、この事典シリーズのラインナップ『dtv-Atlas Physik』の日本語翻訳版であり、基礎物理学の要約を提供するものである。
内容は、古典物理学から現代物理学まで物理学全般をカバーし、使われている記号、単位、専門用語、定数は国際基準に従っている。

【主要目次】　はじめに（物理学の領域／数学的基礎／物理量，SI単位と記号／物理量相互の関係の表示／測定と測定誤差）／力学／振動と波動／音響／熱力学／光学と放射／電気と磁気／固体物理学／現代物理学／付録（物理学の重要人物／物理学の画期的出来事／ノーベル物理学賞受賞者）／人名索引／事項索引…■菊判・ソフト上製・412頁・定価6,050円（税込）

ケンブリッジ物理公式ハンドブック

Graham Woan [著]／堤　正義 [訳]

『ケンブリッジ物理公式ハンドブック』は、物理科学・工学分野の学生や専門家向けに手早く参照できるように書かれたハンドブックである。数学，古典力学，量子力学，熱・統計力学，固体物理学，電磁気学，光学，天体物理学など学部の物理コースで扱われる2,000以上の最も役に立つ公式と方程式が掲載されている。
詳細な索引により、素早く簡単に欲しい公式を発見することができ、独特の表形式により式に含まれているすべての変数を簡明に識別することが可能である。オリジナルのB5判に加えて、日々の学習や復習、仕事などに最適な、コンパクトで携帯に便利なポケット版（B6判）を新たに発行。

【主要目次】　単位，定数，換算／数学／動力学と静力学／量子力学／熱力学／固体物理学／電磁気学／光学／天体物理学／訳者補遺：非線形物理学／和文索引／欧文索引
■B5判・並製・298頁・定価3,630円（税込）■B6判・並製・298頁・定価2,860円（税込）

（価格は変更される場合がございます）　共立出版　www.kyoritsu-pub.co.jp